UNITÉS ÉLECTRIQUES

ET

UNITÉS MÉCANIQUES

ET

LEURS RELATIONS

TRAITÉ ÉLÉMENTAIRE

PAR

GEORGES C. DE LAPLANCHE

PARIS
LIBRAIRIE NONY ET Cie
63, BOULEVARD SAINT-GERMAIN, 63

UNITÉS ÉLECTRIQUES

ET

UNITÉS MÉCANIQUES

ET

LEURS RELATIONS

PRO DEO ET SCIENTIA
1769

UNITÉS ÉLECTRIQUES

ET

UNITÉS MÉCANIQUES

ET

LEURS RELATIONS

TRAITÉ ÉLÉMENTAIRE

PAR

GEORGES C. DE LAPLANCHE

PARIS

LIBRAIRIE NONY ET Cie

63, BOULEVARD SAINT-GERMAIN. 63

Autun. - Imp. Dejussieu

AVANT-PROPOS

Nous nous proposons de passer en revue les principales grandeurs de l'énergie en général et de l'énergie électrique en particulier.

Nous nous proposons de définir les expressions : Masse, Force, Travail, Puissance, Quantité de chaleur, Énergie chimique, Quantité d'électricité, Résistance électrique, Intensité, Potentiel, Force électromotrice, Énergie électrique, Puissance électrique, expressions dont on se sert souvent dans la pratique, dans l'application de l'électricité, mais dont beaucoup de commençants ou d'amateurs n'ont qu'une idée très vague. S'ils veulent s'en rendre bien compte, ils devront faire de nombreuses recherches dans des traités souvent trop savants et forcément peu clairs pour de nouveaux adeptes.

Nous indiquerons les unités correspondant à ces expressions : c'est-à-dire le moyen de faire connaître par un nombre leur mesure exacte.

Nous donnerons les relations entre ces différentes grandeurs et, comme exemples, nous pourrons indiquer la solution de quelques problèmes simples. Nous nous efforcerons d'être bref et surtout d'être facilement compris.

Nous avons pensé qu'il serait commode pour le lecteur de terminer l'opuscule par le résumé des unités pratiques, des unités du système électrostatique et de celles du système électromagnétique. Les dernières pages sont consacrées au courant électrique.

Nous ne parlerons de la capacité électrique, que dans le dernier chapitre ; nous pensons qu'ainsi exposée notre explication sera plus claire.

G. L.

UNITÉS ÉLECTRIQUES

ET

UNITÉS MÉCANIQUES

ET

LEURS RELATIONS

CHAPITRE Ier

GÉNÉRALITÉS

Dans sa session tenue en 1881, à Paris, le Congrès international des Électriciens a décidé d'adopter pour la détermination des mesures électriques, le système C. G. S. (centimètre, gramme-masse, seconde), c'est-à-dire de prendre pour unités fondamentales : le centimètre pour la longueur, le gramme-masse pour la masse, et enfin la seconde pour le temps.

Seconde.

Le jour solaire moyen comprend 86,400 secondes. Le jour solaire vrai est l'intervalle de temps compris entre deux passages consécutifs du soleil au même méridien. Le jour solaire vrai est variable, aussi considère-t-on pour le temps le jour solaire moyen comme la moyenne des jours solaires vrais.

Gramme-Masse.

Il est peut-être nécessaire de faire connaître la différence qui existe entre le poids et la masse d'un corps et, en particulier, entre le gramme-poids et le gramme-masse, et de faire saisir ainsi pourquoi le Congrès a adopté cette dernière mesure.

Le poids d'un corps est la force avec laquelle ce corps est attiré par la terre : on mesure un poids comme on mesure une force, c'est-à-dire avec le dynamomètre. C'est un ressort faisant mouvoir une aiguille sur un cadran gradué. Avec cet appareil, on peut se rendre compte que le même corps qui, à l'équateur pèse 978 grammes, aura un poids de 981 grammes à Paris. Cela tient à ce que la terre n'a pas exactement la forme d'une sphère, et que Paris est plus près du centre de la terre que l'équateur (20 kilomètres environ). Aussi la force d'attraction y est-elle plus grande.

Il résulte de ce défaut de sphéricité qu'une quantité de fer qui, à Paris, représente le poids d'un kilogramme ne représentera plus exactement ce poids, si elle est transportée à une autre latitude.

Dans un congrès international, il eût été difficile de prendre comme unité fondamentale le *gramme-poids*, représenté par un centimètre cube d'eau distillée, à quatre degrés centigrades, à la latitude de Paris.

Dans ce système une pesée n'eût pu s'exprimer exactement, que si elle eût été faite à Paris, à moins d'employer des corrections nécessitant des calculs. Telle est une des raisons qui fit que le Congrès des Électriciens dut renoncer à l'idée de prendre comme unité fondamentale le gramme-poids. Le gramme-poids, à une latitude autre que Paris, n'est pas représenté par un centimètre cube d'eau distillée, à 4°. Pour avoir exactement la quantité de métal qui représente un gramme, il faut prendre un dynamomètre qui, à Paris, sous la charge du centimètre cube d'eau marquerait 1. Si ce dynamomètre est transporté à la latitude où on veut opérer et s'il est chargé de la quantité de métal nécessaire pour le faire arriver à la division 1, cette quantité de métal est alors le gramme-poids (étalon), pour la latitude où l'on est.

Masse.

Beaucoup de définitions du mot masse ont été données. La masse est, si l'on veut, la résistance qu'offre la matière à la force qui lui communique un centimètre d'accélération.

Lorsqu'on communique à un corps l'accélération de la pesanteur (g) (neuf mètres quatre-vingts centimètres environ), la force qu'il faut employer est égale à son propre poids (p).

Si donc on évalue p en grammes-poids, g en centimètres, la force $\frac{p}{g}$ est précisément celle qu'il faut appliquer au corps pour lui communiquer une accélération d'un centimètre. Cette force sert de mesure à la masse ou inertie de la matière, et nous écrirons :

$$M = \frac{p}{g}$$

Transporté à une autre latitude, le poids change et devient p', mais g change aussi et devient g'. L'expérience et la théorie montrent que

$$M = \frac{p}{g} = \frac{p'}{g'}$$

La masse d'un corps ne change donc pas avec la latitude du lieu. Le poids d'un corps change, au contraire, avec la latitude. C'est grâce à cette propriété que le gramme-masse a été choisi comme unité fondamentale du système C. G. S.

Le gramme-masse est la masse d'un centimètre cube d'eau distillée à la température de quatre degrés centigrades environ. Par la balance on ne mesure pas le poids d'un corps mais on compare les masses de deux corps.

Deux corps de même masse à la même latitude ont d'ailleurs le même poids. On ne peut peser avec exactitude avec la balance en grammes-poids, que si le poids dont on se sert a été titré à la latitude où s'opère la pesée.

Un corps qui se déplace peut donc augmenter de poids s'il se rapproche du centre de la terre et diminuer s'il s'en éloigne; mais il ne changera pas de masse.

Il en résulte que pour peser en grammes-masses on peut faire abstraction de la latitude.

Système C. G. S. et Système pratique.

Toutes les unités de ce premier système dérivent donc du centimètre, du gramme-masse et de la seconde; mais dans la pratique ces unités théoriques sont quelquefois ou trop grandes ou trop petites pour être exprimées d'une façon simple. Exemple : l'unité de travail, l'erg, est trop petite pour mesurer le travail d'une machine qui élèverait 1 kilogramme d'eau à un mètre de hauteur; ce travail serait en effet de 98,100,000 ergs. On préfère une unité pratique appelée kilogrammètre et dire que cette machine fait le travail d'un kilogrammètre.

Voilà pourquoi après avoir défini l'unité théorique, nous donnons l'unité pratique qui lui correspond.

D'ailleurs il n'est pas facile de définir les unités pratiques employées en électricité, sans parler auparavant des unités théoriques.

TRANSFORMATION D'ÉNERGIES

Avant de commencer l'étude d'une grandeur de l'énergie, attirons l'attention sur ces faits : l'énergie mécanique peut se transformer en énergie électrique; — l'énergie électrique peut redevenir énergie mécanique ou se transformer en énergie calorifique.

D'une manière générale l'énergie peut passer d'une forme à une autre.

Une chute d'eau fait tourner une dynamo ; son travail se transforme en électricité ; cette électricité, transportée en un autre point, peut de nouveau se transformer en travail ou être utilisée, comme dans le four électrique Moissan, pour obtenir de hautes températures.

La chaleur elle-même peut se transformer en électricité ; exemple : la pile thermo-électrique de Melloni.

Force.

Avant de définir une force et d'en indiquer la mesure, il est nécessaire de rappeler brièvement les notions de vitesse, de mouvement, d'accélération et de masse. Nous nous servirons trop souvent de ces mots, pour ne pas en faire sentir toute la valeur et les rendre plus familiers à nos lecteurs.

Vitesse.

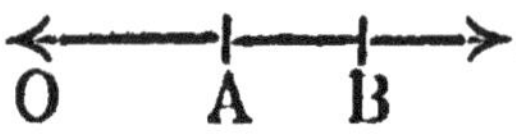

O A B Supposons un mobile qui parcourt en cinq secondes, la distance du point A à un point B. L'espace AB, mesuré en centimètres, divisé par 5, nombre de secondes, donnera la vitesse moyenne de A à B. Si nous représentons par V_{AB} la vitesse moyenne, on obtient : $V_{AB} = \frac{AB}{5}$

Si on veut avoir la vitesse en A, on prendra l'espace AB très petit.

Le temps t employé à parcourir cet espace sera lui-même très petit. Pour les besoins de la pratique, on obtiendra avec suffisamment d'exactitude la vitesse en A, par la formule :

$$V_A = \frac{AB}{t}$$

Si le mobile a mis trois secondes pour aller du point de départ O au point A, la vitesse en A sera aussi appelée vitesse au bout de la troisième seconde.

Mouvement.

Tout déplacement d'un corps est appelé *mouvement*.

Le mouvement uniforme est celui qui se fait sans variation de vitesse. L'espace parcouru est alors proportionnel au temps. Si le mobile fait 3 centimètres par seconde, il en fera 15 en 5 secondes et 18 en 6 secondes, etc., etc.

Le mouvement varié est celui qui se fait

avec une variation de vitesse, de sorte que l'espace parcouru n'est pas proportionnel au temps. Un cavalier allant successivement au pas et au trot donne un exemple de mouvement varié.

Parmi les différents mouvements, il en est un dont nous devons parler; c'est le mouvement uniformément accéléré.

Mouvement uniformément accéléré.

Ce mouvement est caractérisé par ce fait qu'à toutes les secondes la vitesse augmente d'une quantité fixe appelée accélération.

L'exemple le plus remarquable est celui de la pesanteur.

Accélération de la pesanteur.

Considérons un corps tombant librement dans l'espace; sa vitesse au bout d'une seconde est de 981 centimètres. Appelons g cette longueur. Sa vitesse au bout d'une seconde sera donc g.

Au bout de la deuxième seconde, la vitesse a augmenté; elle est devenue $2g$.

Au bout de la troisième seconde, la vitesse est devenue $3g$, etc.

$g = 981$ centimètres est ce qu'on appelle *l'accélération de la pesanteur*, à Paris.

A l'équateur, l'accélération est de 978 cent.
Au pôle, l'accélération surpasse 983 cent.

Force.

On appelle *force*, toute cause capable de produire le mouvement ou de le modifier. Puisqu'on définit la force, toute cause capable de produire un mouvement, si nous supposons un corps au repos, c'est-à-dire à la vitesse de 0, et si nous lui appliquons une force : au bout d'une seconde, sa vitesse sera de 5 centimètres, par exemple, et au bout de 2 secondes, 10 centimètres, etc.

Il y a donc eu mouvement puisque le corps s'est déplacé, et accélération puisque la vitesse a passé de 0 à 5.

Une force appliquée à un corps ou mobile y produit donc une accélération, et même en mécanique le but d'une force est de produire une accélération.

Si on anime un corps d'une accélération de 3 centimètres, il faudra employer une force triple que pour obtenir 1 centimètre d'accélération seulement. On peut donc dire qu'une force est proportionnelle à l'accélération produite. Nous allons montrer qu'une force est aussi proportionnelle à la masse.

Masse. — Définition. — Son Unité.

Tout corps, en vertu de son inertie, a la propriété de résister à une force. C'est à cette résistance pour une force donnant un centimètre d'accélération, qu'on donne le nom de *masse*.

Cette résistance, pour un même corps, a partout la même valeur, à Paris comme à l'équateur.

Son Unité. — On prend pour unité de masse, la masse d'un centimètre cube d'eau distillée, à quatre degrés centigrades.

Valeur du gramme-masse.

Cherchons maintenant quelle est la résistance qu'offre un gramme de matière pesé à Paris, lorsqu'on veut lui donner l'accélération d'un centimètre, ce qui exprimera la valeur du gramme-masse.

Pour donner à ce gramme de matière une accélération de 981 centimètres, il suffit de l'abandonner à la force de la pesanteur, de le laisser tomber.

Pour lui donner l'accélération d'un centimètre, il faudra une force 981 fois plus faible ; or, le gramme-masse étant la résistance d'un centimètre cube d'eau à la force qui animerait ce corps d'un centimètre d'accélération, le gramme-masse vaut donc $\frac{1}{981}$ de gramme, ou sensiblement un milligramme.

Nous croyons utile de résumer les deux derniers paragraphes en donnant la relation entre la masse, l'accélération et la force.

Si on applique à un corps une force F, il prendra une accélération γ. Si au lieu de la force F, on applique une autre force F', on obtiendra une accélération γ'; or on sait que :

$$\frac{F}{\gamma} = \frac{F'}{\gamma'} = m$$

m étant la masse.

$\frac{F}{\gamma} = m$ peut encore s'écrire : $F = m\gamma$; donc une force est proportionnelle à la masse et à l'accélération.

Unité de force. — Dyne.

Supposons que dans cette dernière équation $F = m\gamma$,

On ait : m = unité de masse (gramme-masse);

Et γ = unité d'accélération (centimètre).

F devient, dans ce cas, l'unité de force, on l'appelle *dyne*.

On entend donc par dyne, la force qui, appliquée au gramme-masse, lui communique un centimètre d'accélération.

Relation entre le gramme et la dyne.

Le gramme-poids étant la force avec laquelle un centimètre cube d'eau se trouve attirée par la terre, à Paris, la dyne, la force que nous venons de décrire, ces deux forces agissent sur la même masse qui est le gramme-masse. La première imprime à cette masse 981 centimètres d'accélération. La seconde imprime seulement un centimètre. Le gramme considéré comme force vaut donc 981 dynes.

Mesure d'une force.

On a vu plus haut qu'une force est proportionnelle à la masse et à l'accélération. Pour mesurer une force, on multiplie le nombre exprimant la masse du corps par le nombre exprimant l'accélération. Exemples :

1° *Quelle est la force qui imprime 4 centimètres d'accélération à la masse de 3 grammes?*

Réponse : $4 \times 3 = 12$ dynes.

2° *Quelle est la force nécessaire pour maintenir un poids de 5 grammes, pour l'empêcher de tomber ?*

Réponse : $5 \times 981 = 4905$ dynes.

(Voir ci-dessus la relation entre le gramme-poids et la dyne.)

3° *Quelle est la force nécessaire pour élever 5 grammes, avec l'accélération de 20 centimètres ?*

A la force nécessaire pour maintenir les 5 grammes, il faut ajouter une force dont la masse serait 5 fois la masse du gramme et l'accélération 20. La force cherchée est alors :

$5 \times 981 + 5 \times 20 = 5005$ dynes.

4° *Quelle est la force nécessaire pour abaisser 5 grammes avec l'accélération de 20 centimètres ?* (Problème inverse du précédent.)

Il est facile de voir qu'il faut retrancher la deuxième force de la première ; soit :

$5 \times 981 - 5 \times 20 = 4805$ dynes.

Travail.

On appelle *travail* d'une force, le produit du nombre exprimant la force par le nombre exprimant le déplacement en centimètres. Nous supposons ici que le mobile se déplace dans le sens de la force, autrement il faudrait tenir compte de l'angle compris entre les deux directions.

Exemple :

Quel est le travail d'une force de 30 dynes déplaçant un mobile de 20 centimètres?

Le travail de cette force est : 20 × 30 = 600 ergs.

Erg.

On donne le nom d'*erg* ou unité théorique de travail, au travail de la force d'une dyne, déplaçant un mobile d'un centimètre, dans sa propre direction.

Quel est le travail du poids de 3 grammes tombant de la hauteur de 7 mètres?

3 grammes représentent une force de : 3×981 dynes; 7 mètres en unité C. G. S, s'écrit : 700 centimètres.

T = 3 × 981 × 700 = 2 058 700 ergs.

Autre exemple :

Quel est le travail nécessaire pour élever un kilogramme à un mètre de hauteur?

La force est ici de : 1 000 × 981 dynes; le déplacement de 100 centimètres. On trouve ainsi : 98 100 000 ergs.

Kilogrammètre et Joule.

Élever un kilogramme à un mètre de hauteur, c'est faire le travail d'un kilogrammètre. Sa valeur en ergs est donc :

98 100 000 ergs.

Le *joule* vaut 10 millions (10^7) d'ergs ; il est sensiblement la dixième partie du kilogrammètre.

Puissance.

On appelle *puissance* d'une machine la quantité de travail que cette machine peut donner à la seconde. L'unité théorique serait la machine qui produirait un erg à la seconde. On ne se sert pas de cette unité trop petite et exigeant des nombres trop grands pour les besoins de la pratique. On se sert du cheval-vapeur ou du poncelet.

Cheval-Vapeur.

On dit qu'une machine possède la puissance d'un *cheval-vapeur*, lorsqu'elle est capable de produire en une seconde le travail de 75 kilogrammètres.

Poncelet.

Le *poncelet* vaut 100 kilogrammètres par seconde.

Watt.

Le *watt* correspond à un joule par seconde. Le cheval-vapeur est de 736 watts.

Unité de chaleur : Calorie.

La *calorie* est la quantité de chaleur suffisante pour élever un gramme d'eau d'un degré centigrade.

La *grande calorie* vaut 1 000 calories; c'est la quantité de chaleur qu'il faut employer pour élever 1 000 grammes d'eau d'un degré.

On appelle *chaleur spécifique* d'un corps, le nombre de calories nécessaires pour élever un gramme de ce corps d'un degré. Ce nombre est souvent plus petit que 1.

Dire que la chaleur spécifique du fer est 0,114, c'est dire qu'il faut 0,114 calorie pour augmenter la température d'un gramme de fer, d'un degré centigrade.

On appelle *chaleur spécifique de fusion*, le nombre de calories qu'il faut céder à un gramme de métal qui a été préalablement chauffé à la température de fusion, pour que cette fusion se produise.

Exemple : l'argent fond à 954 degrés. Si on

prend un gramme d'argent à 954 degrés, à l'état solide, il faut encore lui céder de la chaleur si l'on veut le transformer en un gramme d'argent liquide, à 954 degrés.

Il y a là un exemple où la chaleur apportée ne fait pas augmenter la température d'un corps, mais où elle change simplement son état physique. Il faudra 21,07 calories, pour opérer ce changement. Ce nombre 21,07 est la chaleur spécifique de fusion de l'argent.

Un liquide émet des vapeurs à toute température. On appelle *chaleur spécifique de vaporisation* d'un liquide à *t* degrés centigrades, la quantité de chaleur qu'il faut céder pour transformer un gramme du liquide à *t* degrés, en un gramme de vapeur à *t* degrés. Cette chaleur, comme dans le cas précédent, n'a pas augmenté la température du corps en vaporisation.

Exemple : la chaleur spécifique de vaporisation, à 100 degrés, de l'eau est de 537 calories. Ces 537 calories servent à transformer un gramme d'eau liquide à cent degrés, en un gramme d'eau en vapeur à cent degrés.

Exemple : la formation de vapeur se fait toujours avec absorption de chaleur ou dégagement de froid. Si l'on veut maintenir un gramme d'eau à 10 degrés, jusqu'à ce qu'il se transforme entièrement en vapeur à 10 degrés, c'est-à-dire si l'on veut lui fournir une quantité de chaleur suffisante pour empêcher le refroidissement, il faut céder 600 calories. Ce nombre 600 est la chaleur spécifique de vaporisation de l'eau, à 10 degrés.

Equivalent mécanique de la chaleur.

L'énergie thermique peut se transformer en énergie mécanique ; c'est le cas de la machine à vapeur. La chaleur vaporise l'eau ; elle devient ainsi la cause du travail.

Quel que soit l'intermédiaire, vapeur ou gaz chaud, s'il y a disparition de chaleur, il y a apparition de force mécanique.

Une grande calorie se transforme en 424,9 kilogrammètres. Ce nombre 424,9 est appelé *équivalent mécanique* de la chaleur.

L'énergie mécanique peut se transformer en énergie thermique.

Exemple : le frottement engendre la chaleur. Cette transformation inverse se fait suivant la même règle. Un kilogrammètre se transforme $\frac{1}{424,9}$ de grande calorie.

Exemple :

Quelle quantité de chaleur faut-il fournir en une seconde, en brûlant du charbon, dans une locomotive qui doit remorquer un train de 50 tonnes? On suppose : 1° qu'il faut une puissance de 2 chevaux-vapeur par tonne; — 2° qu'il n'y a que les $\frac{4}{100}$ de la quantité de chaleur fournie qui se transforment en travail.

Il faut une puissance de 2×50 chevaux-vapeur; c'est-à-dire, en une seconde, un travail de $2 \times 50 \times 75$ kilogrammètres. Or 100 grandes calories, puisque 4 seulement sont utilisées, se transforment en 4×425 kilogrammètres; donc le nombre des grandes calories nécessaires par seconde est de :

$$\frac{2 \times 50 \times 75}{4 \times 425} \times 100 = 441$$

Réponse : Il faut fournir 441 grandes calories par seconde.

Comme en brûlant un kilogramme de houille on obtient 7 500 grandes calories, on voit que ce kilogramme de houille ne durera pas tout à fait 17 secondes.

Exemple :

Un poids de 25 kilogrammes en cuivre tombe de la hauteur de 17 mètres. On demande de combien de degrés la masse de cuivre a été échauffée? Étant donné que : 1° la chaleur spécifique du cuivre est de 0,095; — 2° que le poids ne s'est pas enfoncé en terre; — 3° qu'il n'a pas rebondi et qu'il ne s'est pas déformé.

Dans ce cas tout le travail s'est transformé en chaleur; or le travail est de $17 \times 25 = 425$ kilogrammètres. Ce travail, comme on le sait, correspond à une grande calorie. La chaleur nécessaire pour élever d'un degré 25 kilogrammes de cuivre étant $25 \times 0,095 = 2,375$ grandes calories, comme dans le cas présent on ne dispose que d'une grande calorie, on voit que la masse de cuivre ne sera échauffée que de $\frac{1}{2}$ degré environ.

RÉSUMÉ

En résumé les unités employées pour exprimer l'énergie mécanique sont :

Unité de masse.......... le *Gramme-Masse*, ou masse du centimètre cube d'eau.

Unité d'accélération.......... le *Centimètre*.

L'accélération est la quantité dont on augmente la vitesse.

Unité de force..................... la *Dyne*.

La dyne est la force qui, appliquée au gramme-masse, lui donne un centimètre d'accélération.

Autre unité de force ...... le *Gramme-Poids*.

Le gramme-poids est la force avec laquelle la terre attire à Paris un centimètre cube d'eau.

La relation entre la masse exprimée en grammes-masses, l'accélération en centimètres, et la force en dynes, se donne par la formule : $F = M\gamma$, dans laquelle F représente le nombre de dynes contenues dans une force, M le nombre de grammes-masse, γ le nombre de centimètres d'accélération.

La relation entre le gramme-poids et la dyne s'exprime ainsi : gramme-poids = 981 dynes.

Unité de travail..................... *Erg*.

L'erg est le travail d'une dyne déplaçant, dans sa propre direction, son point d'application d'un centimètre.

La relation entre le déplacement, la force et le travail est donnée par la formule : $T = eF$.

T est le nombre d'ergs contenus dans le travail; *e* est le déplacement, en centimètres, du point où la force prend contact avec le mobile. — Nous supposons ici que ce déplacement est parallèle à la direction de la force. S'il n'en était pas ainsi, il faudrait prendre, au lieu de ce déplacement, la projection de la trajectoire sur la direction de la force.

Autre unité de travail....... *Kilogrammètre.*

Le kilogrammètre est le travail qu'il faut faire pour élever un kilogramme à un mètre de hauteur.

La relation entre le kilogrammètre et l'erg s'exprime par : kilogrammètre = 98 100 000 ergs.

L'énergie de 10^7 ergs s'appelle *joule.*

Une machine qui, en une seconde, fait le travail d'un joule a, par définition, un *watt* de puissance.

La puissance est le travail produit en une seconde.

Unité de puissance........... *Cheval-vapeur.*

Soit 75 kilogrammètres par seconde.

Autre unité de puissance.......... *Poncelet.*

Soit 100 kilogrammètres par seconde.

Les unités de l'énergie thermique sont :

Unité de chaleur............ *Petite Calorie.*

Quantité de chaleur qu'il faut pour élever d'un degré un gramme d'eau.

Autre unité de chaleur....... *Grande Calorie.*

Grande calorie = 1 000 petites calories.

Nous avons expliqué plus haut, par des exemples ce qu'on entend par chaleur spécifique d'un corps, chaleur spécifique de fusion et chaleur spécifique de vaporisation.

Nous avons montré aussi comment l'énergie thermique peut se transformer en énergie mécanique, et comment une grande calorie peut se transformer en 424,9 kilogrammètres.

Nous avons vu aussi que réciproquement l'énergie mécanique peut se transformer en énergie thermique. Un kilogrammètre se transforme en $\frac{1}{424,9}$ de grande calorie.

Énergie chimique.

Quand deux corps entrent en combinaison et dégagent de la chaleur ou développent de l'énergie électrique, on dit que leur énergie chimique s'est transformée en énergie thermique ou en énergie électrique.

Exemple : Si l'on veut obtenir un gramme d'oxyde de zinc, en combinant du zinc à de l'oxygène, dans des proportions convenables, il y a dégagement de chaleur de 85,4 calories. On dit alors que l'apparition de ces 85,4 calories est due à la transformation de l'énergie chimique de ces deux corps, en énergie thermique.

Autre exemple : Dans une pile, il y a transformation d'énergie chimique en énergie électrique. Si les combinaisons qui se produisent dans la pile avaient lieu en rendant impossible la production d'énergie électrique, l'énergie chimique se transformerait encore en énergie thermique.

Troisième exemple : Si l'on mélange à égales parties de l'eau et du nitrate d'ammoniaque, on obtient un abaissement de température de plus de vingt degrés. Il y a donc perte d'énergie thermique. On explique ce fait en disant que l'énergie thermique s'est transformée en énergie chimique.

Quatrième exemple : Si l'on mélange dans une éprouvette de l'oxygène et de l'hydrogène, l'énergie chimique de ces deux corps n'est pas assez grande pour qu'une combinaison ait lieu; mais si l'on fait jaillir l'étincelle électrique, à ce moment l'énergie électrique se transformera en énergie chimique. L'énergie chimique devenant suffisante la combinaison a lieu. Cette combinaison aura eu pour effet de transformer l'énergie chimique des deux corps, oxygène et hydrogène, en énergie thermique.

Nous avons vu quelles étaient les unités de l'énergie mécanique et celles de l'énergie thermique. Nous avons montré, par quatre exemples, ce qu'on appelle énergie chimique. Il était nécessaire de donner cette explication préliminaire pour étudier les unités employées en électricité.

CHAPITRE II

ÉLECTRICITÉ

PRÉLIMINAIRES

De même qu'en mécanique on étudie séparément la statique, ou science de l'équilibre, et la dynamique, ou science de la force, on peut étudier d'abord l'électricité statique, électricité en équilibre ou au repos, et ensuite l'électricité dynamique, force électrique ou force obtenue à l'aide de courants.

L'étude de l'électricité statique traite de la répartition de l'électricité sur un corps. Celle de l'électricité dynamique, du mouvement de l'électricité ou courant électrique.

Il convient donc avant de décrire les unités employées en électricité, de dire un mot de l'électricité statique, de l'électricité dynamique et du magnétisme ; on verra plus loin le motif qui rend utiles ces notions préliminaires.

Électricité statique.

Si on frotte un bâton de verre ou un bâton de cire, on dépense de l'énergie mécanique. L'expérience montre qu'on ne retrouve pas intégralement en énergie thermique, ce qu'on a dépensé en énergie mécanique; mais une autre énergie s'est dévoilée, c'est l'énergie électrique.

La preuve en est que ce bâton de verre ou de cire peut restituer son énergie électrique, sous forme d'énergie mécanique, en attirant des corps légers. Mais il y a une différence entre l'électricité du verre et celle de la cire.

Si une balle de sureau a touché un bâton de verre préalablement frotté, elle est attirée par le bâton de cire frottée, mais elle est au contraire repoussée par le bâton de verre. Deux corps chargés d'électricité vitrée se repoussent donc.

On démontrerait de même que deux corps chargés d'électricité résineuse se repoussent également.

L'électricité vitrée s'appelle électricité *positive;* elle est désignée par le signe +.

L'électricité résineuse s'appelle électricité *négative;* elle est désignée par le signe —.

Deux corps chargés d'électricité de même signe se repoussent. — Deux corps chargés d'électricité de signe contraire s'attirent.

Il est donc facile de concevoir ce que nous désignons par *force d'attraction et force de répulsion*. Ces forces se mesurent en dynes.

Examinons deux boules électrisées dont les centres soient à la distance de 8 centimètres l'un de l'autre, et supposons que la force d'attraction soit égale à une dyne. L'expérience a démontré que cette force serait de 4 dynes, si la distance n'était plus que de moitié, c'est-à-dire de quatre centimètres. Réduisons la distance au quart, c'est-à-dire à deux centimètres, l'expérience montre que la force devient de 16 dynes.

Cette force d'attraction est donc inversement proportionnelle au carré des distances. Il en serait de même si l'on avait affaire à une force de répulsion.

Il y a cependant une limite à la force d'attraction. Lorsque les deux boules seront suffisamment rapprochées l'une de l'autre, il se produira une étincelle. Par cette étincelle une partie de l'électricité positive d'une boule se sera combinée avec la même quantité d'électricité négative de l'autre boule. La force de répulsion atteindra son maximum lorsque les deux boules se toucheront ; alors il sera impossible de diminuer la distance des centres.

Électricité dynamique.

Cette étude, comme nous l'avons vu plus haut, est celle du courant électrique.

Le courant s'obtient à l'aide de machines ou d'appareils appelés générateurs. Il y a trois espèces de générateurs :

Le générateur mécanique,
Le générateur chimique,
Le générateur thermique.

Les générateurs mécaniques, dynamo et alternateur, ont pour but de transformer le travail mécanique fourni par une machine en énergie électrique.

Les générateurs chimiques, pile et accumulateur, ont pour but de transformer l'énergie chimique des corps qu'ils contiennent en énergie électrique.

Quand on charge un accumulateur, on donne aux éléments qui le composent une certaine quantité d'énergie chimique ; quand on le décharge, cette énergie chimique redevient énergie électrique.

Le générateur thermique, la pile thermo-électrique, a pour but de transformer la chaleur en électricité.

Mais quelle que soit la manière dont le courant est engendré, il a toujours des propriétés qui dépendent uniquement de sa grandeur et de sa forme.

On transporte le courant au moyen de conducteurs. On utilise ce courant au moyen de récepteurs. Ces récepteurs sont de trois sortes :

Récepteur mécanique,
Récepteur thermique,
Récepteur chimique.

Le récepteur mécanique a pour but de transformer l'énergie électrique en énergie mécanique. On donne souvent le nom de moteur à cet appareil.

Le récepteur thermique a pour but de transformer l'énergie électrique en chaleur; exemple : la lampe Edison.

Le récepteur chimique a pour but de transformer l'énergie électrique en énergie chimique. Tous les appareils que l'on emploie en galvanoplastie, c'est-à-dire pour le dépôt de métal sur des objets, à l'aide du courant électrique, sont des récepteurs chimiques.

Lorsqu'on charge un accumulateur, le courant disparaît mais, à sa place, il y a décomposition de certains éléments de l'accumulateur. Lorsqu'on le décharge, les éléments redevenant, par recombinaison, ce qu'ils étaient dans leur état normal, donnent un courant inverse de celui absorbé par la charge de l'accumulateur.

L'accumulateur est donc un récepteur chimique, pendant la charge, et un générateur chimique, pendant la décharge.

Magnétisme.

On désigne sous ce nom la cause inconnue des propriétés des aimants. Voici quelques-unes de ces propriétés :

1° Certains corps, comme le fer, le nickel, le cobalt, sont attirés par les aimants.

2° Une aiguille aimantée, libre d'osciller sur un pivot vertical, prend une position sensiblement Nord-Sud; d'où ces expressions : pôle Nord, pôle Sud de l'aiguille aimantée.

3° Deux pôles de même nature, tous les deux Nord ou tous les deux Sud, se repoussent.

4° Deux pôles de nature contraire s'attirent.

5° Un aimant en s'approchant et s'éloignant d'un conducteur formé, transforme cette énergie mécanique en énergie électrique. C'est sur cette propriété que sont basées les dynamos.

6° Un conducteur à travers lequel circule un courant est attiré ou repoussé par un aimant, suivant le pôle qu'on lui présente.

Tous ces phénomènes peuvent être obtenus de quatre manières différentes : soit avec un aimant naturel, soit avec un aimant artificiel en acier, soit avec un solénoïde[1], soit avec un morceau de fer doux, c'est-à-dire de fer pur, autour duquel circule un courant électrique (électro-aimant).

Unité de magnétisme.

Considérons deux aimants également aimantés, c'est-à-dire attirant le même poids de fer, à la même distance ; nous dirons qu'ils contiennent tous les deux la même quantité de magnétisme, ou qu'ils ont la même masse magnétique. Supposons ces deux aimants assez petits pour être considérés comme deux points, et aimantés de telle sorte que mis à un centimètre l'un de l'autre, la force d'attraction ou de répulsion qui en résultera soit égale à une dyne.

1. Le solénoïde est une spire dans laquelle circule un courant électrique.

On dit alors que ces deux points contiennent chacun l'*unité de magnétisme*.

Remarque générale sur les unités employées pour mesurer les grandeurs en électricité.

Les sept grandeurs qu'on a le plus souvent à mesurer en électricité sont : la Masse électrique, ou la Quantité d'électricité, ou Charge électrique ; — l'Intensité électrique appelée quelquefois courant ; — la Résistance électrique ; — le Potentiel ; — la Force électromotrice ; — l'Énergie électrique ; — la Puissance électrique.

Il y a encore beaucoup d'autres grandeurs, mais nous n'en parlerons pas ici.

Pour mesurer ces grandeurs, il faut évidemment faire un choix d'unités. Il y a trois systèmes d'unités employées. Nous exposerons ces trois systèmes qui sont :

Le Système électromagnétique ou absolu ;

Le Système électrostatique ; ces deux systèmes dérivent du système C. G. S. (centimètre, gramme-masse, seconde), déjà exposé ci-dessus ;

Et enfin : le Système pratique.

Nous allons examiner successivement chacune des sept grandeurs mentionnées ci-dessus ;

il faudra : 1° définir cette grandeur ; — 2° en indiquer l'unité électrostatique ; — 3° en indiquer l'unité électromagnétique ; — 4° en indiquer l'unité pratique ; — 5° indiquer les relations entre les unités différentes de cette même grandeur ; — 6° indiquer les relations entre cette grandeur et les grandeurs électriques précédemment décrites ; — 7° donner la solution d'un problème simple à titre d'exemple.

Noms donnés aux unités pratiques.

On a donné des noms spéciaux aux unités pratiques ; savoir :

L'unité pratique de quantité s'appelle *Coulomb.*
Celle d'intensité.................. *Ampère.*
Celle de résistance électrique..... *Ohm.*
Celle de potentiel................. *Volt.*
L'unité pratique de force électromotrice porte aussi le nom de...... *Volt.*
Celle d'énergie électrique s'appelle *Joule.*
Celle de puissance électrique...... *Watt.*

On a formé quelques mots composés comme : *ampère-heure, hecto-watt-heure.*

On trouvera la signification de ces mots après avoir la définition du mot simple dont ils dérivent.

Remarque sur les systèmes électrostatiques et électromagnétiques.

Dans ces deux systèmes, il n'y a pas de noms spéciaux, ainsi l'on dit simplement : unité électrostatique de quantité; — unité électromagnétique ou unité absolue de quantité. — Même nomenclature pour toutes les autres grandeurs.

Système électrostatique.

La base de ce système de mesure des grandeurs électriques réside dans la considération des forces d'attraction ou de répulsion de deux sphères chargées d'électricité statique.

Système électromagnétique ou absolu.

La base de ce système de mesure des grandeurs électriques se trouve dans la considération des forces d'attraction ou de répulsion d'un aimant et d'un courant électrique.

Ces deux systèmes, comme on l'a déjà vu plus haut et comme on le montrera plus loin, dérivent du système (C. G. S.), mais ils ont l'inconvénient, dans la pratique, de faire écrire à celui qui mesure une grandeur, des nombres qui tantôt sont très grands, tantôt au contraire ne sont qu'une fraction infime. C'est pourquoi on abandonne souvent ces deux systèmes, pour employer celui des unités pratiques.

Quantité d'électricité.

La quantité d'électricité est une grandeur dont on ne peut se faire une idée directement, puisque l'électricité est invisible.

Pour savoir si deux corps A et B sont chargés d'électricité de mêmes signes ou de signes contraires, il suffit de voir si les deux corps A et B se repoussent ou s'ils s'attirent. Pour savoir s'ils contiennent la même quantité d'électricité, il faut les placer l'un après l'autre, à la même distance d'un troisième C également électrisé; si les deux forces d'attraction ou de répulsion sont égales, les deux corps A et B seront également chargés d'électricité.

Unité électrostatique de quantité.

Considérons deux sphères très petites, dont les centres sont placés à un centimètre de distance, et chargées d'une quantité égale d'électricité telle que la force d'attraction ou de répulsion soit égale à une dyne. On dira que chacune de ces sphères est chargée de l'unité électrostatique de quantité.

Exemple :

On veut connaître la force d'attraction qui existe entre deux boules dont la distance des centres est 5 centimètres; l'une est chargée de 2 unités électrostatiques négatives et l'autre de 25 unités positives?

L'attraction étant inversement proportionnelle au carré des distances, cette force d'attraction sera :

$$\frac{2 \times 25}{5^2} = 2 \text{ dynes}$$

Coulomb.

L'unité électrostatique est trop petite pour les besoins usuels. On prend alors comme unité pratique de quantité d'électricité, le *coulomb.* Le coulomb correspond à : 3×10^9 unités électrostatiques.

Exemple :

Supposons deux corps à 100 mètres de distance; l'un serait chargé d'un coulomb d'électricité positive, et l'autre d'un coulomb d'électricité négative. Calculons la force d'attraction?[1]

1. Il est impossible de faire cette expérience, car on ne peut pas charger un corps d'une aussi grande quantité d'électricité statique.

On sait que la force est égale au produit des deux quantités d'électricité, divisé par le carré de la distance, mesuré en centimètres; or un coulomb étant 3×10^9 unités électrostatiques, on obtient :

$$\frac{3 \times 10^9 \times 3 \times 10^9}{10\,000^2}$$

Soit 9×10^{10} dynes, ou environ 90 000 kilogrammes.

On voit par là que, en électricité statique, le coulomb représente une quantité immense d'électricité. On verra, au contraire, qu'en électricité dynamique, on obtient facilement des courants électriques, dans lesquels il circule plusieurs coulombs d'électricité par seconde. Cette différence est due à la grande vitesse de l'électricité qui, comme la lumière, parcourt à peu près 300 000 kilomètres à la seconde.

De même que dans une rivière au cours rapide, à un point quelconque, il peut passer de grandes quantités d'eau; de même dans un courant électrique, étant donnée la rapidité énorme de ce courant, il peut passer, en un point, une grande quantité d'électricité, plusieurs coulombs par exemple.

Unité électromagnétique ou absolue de quantité.

Il n'est pas possible de donner la définition de cette unité, avant d'avoir défini l'unité électromagnétique ou unité absolue d'intensité.

Nous dirons donc simplement que cette unité est égale à dix coulombs.

Intensité.

On appelle *intensité* la quantité d'électricité qui passe en une seconde, dans la section d'un conducteur.

Unité électrostatique d'intensité.

Lorsque dans la section d'un fil, passe l'unité électrostatique de quantité, en une seconde, on dit que ce courant a comme intensité l'*unité électrostatique*.

Unité électromagnétique ou absolue d'intensité.

Supposons maintenant un fil de cuivre ayant la forme d'un arc de cercle; ce fil ayant un centimètre de longueur et le cercle un centimètre de rayon. Supposons, au centre de ce cercle, un aimant contenant la quantité représentant l'unité de magnétisme, et faisons passer dans ce fil, un courant tel que l'aimant attire ou repousse le fil avec la force d'une dyne. C'est l'intensité de ce courant électrique qui a été prise pour *unité absolue d'intensité.*

Si, dans les mêmes conditions, le courant était tel qu'il développe une force de 2, 3, 4 dynes, on dirait que l'intensité est de 2, 3, 4 unités absolues ou unités électro-magnétiques d'intensité.

Unité absolue de quantité ou Unité électro-magnétique de quantité.

Le courant qui a pour intensité l'unité absolue donne, en une seconde, une certaine quantité d'électricité. Cette quantité s'appelle *unité électromagnétique* ou *unité absolue de quantité.* Cette unité absolue de quantité correspond à 10 coulombs.

Unité pratique d'intensité. — Ampère.

L'unité absolue d'intensité serait trop grande pour la pratique; aussi on a choisi l'*Ampère* qui en est la dixième partie.

On apprécie facilement le milli-ampère qui est, par conséquent, la dix-millième partie de l'unité absolue d'intensité.

Le nombre exprimant l'intensité se représente par *i*. Ce nombre est donc dix fois plus grand, si au lieu d'être exprimé en unités absolues, il est exprimé en ampères. C'est pour cela que, les lampes Edison marchant ordinairement, quand elles sont de 8 bougies, avec un courant de $\frac{1}{3}$ d'ampère, on pourrait dire aussi qu'elles fonctionnent avec $\frac{1}{30}$ d'unité absolue d'intensité.

Il est bon de rappeler que le coulomb est la quantité d'électricité qui passe en une seconde, dans la section d'un conducteur d'un courant dont l'intensité est d'un ampère.

Exemple :

Quelle est la quantité d'électricité qui traverse un conducteur, dans un courant de 7 ampères, qui circule pendant 4 secondes ?

Réponse : $7 \times 4 = 28$ coulombs.

Le coulomb s'appelle encore *ampère-seconde.*

Ampère-Heure.

Un courant d'un ampère qui fonctionne pendant une heure, s'appelle *ampère-heure.*

L'ampère-heure = 3 600 coulombs.

Relation entre le coulomb et l'unité électrostatique de quantité.

L'expérience a montré que le coulomb, comme nous venons de le définir, est égal à 3×10^9 unités électrostatiques.

Résumé des unités employées pour mesurer la quantité et l'intensité.

D'après ce qu'on a vu plus haut, c'est le courant de 10 ampères qui donne, en une seconde, l'unité absolue de quantité. Ce même courant donne 10 coulombs; on peut donc écrire :

Coulomb $= \frac{1}{10}$ unité absolue,

Ou unité absolue $=$ 10 coulombs $= 3 \times 10^{10}$ unités électrostatiques.

On peut résumer ainsi qu'il suit, les unités employées pour mesurer les quantités d'électricité :

1° Unité électrostatique.

2° Unité pratique ou coulomb, ou ampère-seconde. — Le coulomb $= 3 \times 10^9$ unités électrostatiques.

3° Ampère-heure $=$ 3 600 coulombs.

4° Unité électromagnétique ou absolue; — l'unité absolue $=$ 10 coulombs; — l'unité absolue $= 3 \times 10^{10}$ unités électrostatiques.

Résumons de même les unités employées pour mesurer l'intensité; ce sont :

1° Unité électromagnétique ou absolue d'intensité.

2° L'ampère $= \frac{1}{10}$ unité absolue.

3° L'unité électrostatique $= \frac{1}{3 \times 10^9}$ ampère.

RÉSISTANCE

Lorsqu'un courant électrique passe dans un conducteur, ce conducteur en est échauffé.

Cette élévation de température peut être considérable comme, par exemple, dans le fil fin de la lampe Edison; ou au contraire, elle peut être absolument inappréciable; tel est le cas du fil de fer du télégraphe. C'est que dans ce dernier cas le canal électrique est large et le courant est faible. C'est l'exemple du filet d'eau dans un grand lit de ruisseau. Le frottement est peu de chose et l'eau n'en est pas sensiblement échauffée. Si cette même quantité d'eau passait dans un petit tuyau à une forte pression, il y aurait dégagement de chaleur.

Cette chaleur qui apparaît dans le conducteur d'un courant électrique n'est pas une création ; elle n'est qu'une transformation. C'est une partie de l'énergie électrique qui se transforme en énergie thermique, et c'est ce qu'on nomme la *déperdition électrique.*

La résistance est précisément la cause inconnue de cette transformation d'énergies.

Unité électromagnétique de résistance ou Unité absolue de résistance.

Étant donné qu'une quantité de chaleur peut se transformer en quantité de travail, on a pris pour *unité absolue de résistance*, un conducteur tel que le courant d'intensité d'unité absolue (10 ampères) cède à ce conducteur, sous forme de chaleur, l'énergie d'un erg. Cela veut dire que la quantité de chaleur cédée transformée en travail donnerait un erg.

Cette quantité de chaleur est si petite qu'il faudrait $425 \times 981 \times 100$ fois cette chaleur pour élever un gramme d'eau d'un degré, c'est-à-dire pour produire une petite calorie.

Unité pratique de résistance ou Ohm.

L'unité absolue de résistance étant trop petite, on a pris l'*ohm* comme unité pratique de résistance. L'ohm vaut un milliard d'unités absolues. Le mégohm vaut 10^6 ohms. On peut donc écrire : ohm $= 10^9$ unités absolues de résistance. Le microhm est la millionième partie de l'ohm, et l'on écrit :

Ohm $= 10^6$ microhms.

Microhm $= 10^3$ unités absolues de résistance.

Exemple : 100 mètres de fil de fer télégraphique de 2 millimètres de diamètre ont une résistance électrique de 3,34 ohms.

Autre exemple : Une colonne de mercure de 106 centimètres de longueur et d'un millimètre carré de section offre la résistance d'un ohm. Cela signifie que le passage du courant représentant l'unité absolue (10 ampères), dans les 100 mètres de fil de fer télégraphique, occasionne une perte d'énergie de 3,34 milliards d'ergs; soit 34,068 kilogrammètres perdus par seconde. C'est à peu près un demi-cheval-vapeur qui se convertit en énergie thermique en échauffant le conducteur.

Le courant d'unité absolue laisse dans la

colonne de mercure, sous forme d'énergie thermique, une énergie d'un milliard d'ergs, qui constitue une perte de 10,2 kilogrammètres par seconde. Avec un courant d'un ampère, la déperdition serait 100 fois plus petite : 0,102 de kilogrammètre.

Unité électrostatique de résistance.

Un conducteur a *l'unité électrostatique de résistance* quand, parcouru par un courant d'intensité correspondant à l'unité électrostatique, il s'échauffe en une seconde, de la quantité de chaleur correspondant à un erg. Nous verrons plus loin que ce conducteur offre une résistance énorme ; elle est en effet de : 9×10^{11} ohms.

Résumé.

L'unité électrostatique de quantité correspond à : $\frac{1}{3 \times 10^9}$ coulomb.

L'unité électrostatique d'intensité vaut : $\frac{1}{3 \times 10^9}$ ampère.

L'unité électrostatique de résistance : 9×10^{11} ohms.

L'unité électromagnétique ou absolue de quantité : 10 coulombs.

L'unité électromagnétique ou absolue d'intensité : 10 ampères.

L'unité électromagnétique ou absolue de résistance : $\frac{1}{10^9}$ ohm.

L'explication de tous ces nombres sera donnée après l'exposé de la puissance électrique.

Résistivité ou Résistance spécifique, Conductibilité, Conductance.

On appelle *résistivité* le nombre qui exprime en microhms, la résistance d'un cylindre d'un centimètre carré de section et d'un centimètre de longueur.

Exemple : La résistivité du cuivre est de 1,56; cela veut dire qu'un fil de cuivre d'un centimètre carré de section et d'un centimètre de longueur offrira une résistance de 1,56 microhm.

On appelle *conductibilité* l'inverse de la résistivité; ainsi la conductibilité du cuivre est représentée par $\frac{1}{1,56}$ ou 0,641.

Plus généralement, si nous appelons c la conductibilité et ρ la résistivité, on obtient $c = \frac{1}{\rho}$.

On appelle *conductance* l'inverse de la résistance; ainsi un fil qui offre la résistance de 15 ohms possède $\frac{1}{15}$ de conductance.

Loi des longueurs.

La résistance d'un fil est proportionnelle à sa longueur.

Exemple :

Quelle est la résistance d'un fil de cuivre de 35 centimètres de longueur et d'un centimètre carré de section? la résistivité étant 1,56.

Il suffit de multiplier 1,56 par 35; on trouve 54 microhms 60.

Loi des surfaces.

La résistance est inversement proportionnelle à la surface. — Un fil d'un millimètre carré présente 100 fois plus de résistance électrique qu'un fil de même substance, de même longueur, qui aurait un centimètre carré de section.

Résumé des deux lois.

Si on appelle : r la résistance exprimée en microhms, ρ la résistivité de la substance, l la longueur en centimètre du fil, S la section du fil en centimètres carrés, on obtient la formule :

$$r = \frac{l\rho}{S}$$

Résistance intérieure.

Si on considère un producteur d'électricité, pile ou dynamo, et si on relie les deux pôles par un conducteur, le courant électrique aura à vaincre non seulement la résistance du fil, mais encore la résistance des différents organes de la source électrique. C'est à cette dernière résistance qu'on donne le nom de *résistance intérieure*. En voici un exemple pris dans la description de la pile Lalande-Chaperon :

Le pôle négatif de cette pile est une lame de zinc. Le liquide excitateur est une dissolution de potasse caustique dans l'eau. Le pôle positif est une lame de cuivre soudée à un vase en cuivre rempli de bioxyde de cuivre. Il y a contact entre le liquide et le bioxyde de cuivre.

La résistance intérieure d'un élément de grand modèle de cette pile est de : 33 000 microhms, c'est-à-dire que le courant électrique, pour parcourir la lame de zinc, le liquide, le bioxyde de cuivre, le vase en cuivre et la lame de cuivre, est obligé de vaincre une résistance de 0,033 d'ohm, ou de 33 000 microhms.

Potentiel.

De même qu'il ne suffit pas, pour donner l'idée exacte d'une masse d'air, de donner le volume du vase la contenant et de dire par exemple : Un vase a une contenance de 3 litres ; il contient 3 litres d'air ; il faut encore indiquer la pression qu'éprouve cet air confiné, et dire, par exemple : Ce vase contient 3 litres d'air, à la pression[1] de 2 kilos.

De même en électricité, il ne suffit pas de dire : Un corps est chargé de la quantité de 3 coulombs; il faut encore indiquer la pression électrique; c'est ce qu'on appelle le *potentiel.*

Courant.

Si deux vases contenant de l'air, à des pressions différentes, sont en communication, l'air qu'ils renferment prend la même pression. Il y a écoulement d'air du vase ayant la pression la plus grande, au vase ayant la pression la moins grande. C'est la différence de pression qui fait la force du courant d'air. Ce courant s'arrête lorsque la même pression existe dans les deux vases. Les choses peuvent être considérées comme se passant d'une manière analogue en électricité.

Deux corps chargés d'électricité à des pressions ou à des potentiels différents mis en com-

1. Il est convenu que pour définir la masse d'un gaz, on indique le volume du vase le contenant, ainsi que la pression qui s'exerce sur un centimètre carré de la paroi intérieure du vase. On adopte pour unité de pression soit l'atmosphère qui correspond à 1033 grammes par centimètre carré, soit le kilogramme. Lorsqu'un vase contient un gaz à la pression d'un atmosphère, la pression sur la paroi intérieure du vase est égale à la pression sur la paroi extérieure qui est due à l'atmosphère. La résultante qui est la différence des deux pressions est nulle dans ce cas.

munication se mettent au même potentiel. Il y a écoulement d'électricité ou courant électrique du corps au potentiel le plus grand au corps au potentiel le plus petit. C'est la différence de potentiel qui fait la force du courant électrique. Ce courant s'arrête lorsque les deux corps sont au même potentiel.

Force électromotrice d'un courant.

Cette différence de potentiel qui désigne la cause du phénomène appelé courant électrique, se nomme aussi *force électromotrice du courant.* Il ne faut pas confondre cette force électromotrice avec ce qu'on appelle : la force électromotrice du générateur que nous définirons plus tard. La force électromotrice s'appelle aussi *tension.*

Le courant qui circule dans un conducteur entre dans ce conducteur, en un point appelé pôle positif du générateur [1]. Ce courant revient au générateur par le pôle négatif et retourne de nouveau au pôle positif, en circulant à l'intérieur du générateur. La différence de potentiel qui existe entre le pôle positif et le pôle négatif du générateur est ce qu'on appelle la force *électromotrice du courant.*

1. Voir la définition du générateur d'électricité dynamique, page 32.

Remarque sur le potentiel des pôles d'un générateur.

Le potentiel du pôle positif est représenté par un certain nombre de volts, 5 par exemple ; le potentiel du pôle négatif est représenté par le même nombre en valeur absolue, mais par un nombre négatif, 5 volts par exemple. La force électromotrice du courant est la différence entre 5 volts et — 5 volts, soit 10 volts dans le cas présent.

Par définition, le potentiel de la terre est nul et représenté par 0. Chaque fois qu'un corps relié à la terre, par un conducteur, est dans un état tel qu'il n'y a pas de courant, on dit que ce corps a 0 pour potentiel.

Unité électrostatique de potentiel.

Si on charge une sphère d'un centimètre de rayon, de la quantité représentant l'unité électrostatique définie précédemment[1], on dira que son potentiel est d'une *unité électrostatique*. Cette unité n'est guère employée qu'en électricité statique. En électricité dynamique, c'est-à-dire pour les courants électriques, on emploie le *volt* que nous allons définir.

1. Voir les unités de quantité, page 39.

Volt ou unité pratique de potentiel.

Soit un conducteur AB ayant un ohm de résistance, et supposons qu'un courant aille de A à B ; s'il y a écoulement d'électricité de A à B, c'est que le potentiel en A est plus grand que celui en B. On exprime ce fait par l'inégalité :

$$V_A > V_B$$

dans laquelle V_A est le potentiel en A, et V_B le potentiel en B.

On suppose que l'intensité du courant est d'un ampère et on donne le nom de *volt* à la différence de potentiel entre ces deux points; ainsi le potentiel en A sera d'un volt plus élevé que le potentiel en B et on aura :

$$V_A - V_B = 1 \text{ volt.}$$

Le volt est donc la force électromotrice d'un courant d'un ampère d'intensité, circulant dans un conducteur d'un ohm de résistance. Or, le courant d'un ampère débite un coulomb[1] par seconde. Le volt est donc la force électromotrice nécessaire pour faire passer, en une seconde, un coulomb d'électricité à travers un conducteur d'un ohm de résistance.

1. Le coulomb est l'unité pratique de quantité; voir les unités de quantité, pages 39 et 40.

Il est évident que le passage de 3 coulombs, dans le même temps, exigerait une force triple; et si, au lieu d'un ohm, on avait un conducteur de 5 ohms, il faudrait une force quintuple; par conséquent le courant de 3 ampères, passant à travers une résistance de 5 ohms, aurait une force électromotrice de 15 vols. Cela veut dire qu'entre les points extrêmes A et B, il s'établirait une différence de 15 volts; soit :

$$V_A - V_B = 15 \text{ volts},$$

dans laquelle V_A est le potentiel en A, et V_B le potentiel en B.

En général, soit e la force électromotrice du courant, i l'intensité, r la résistance, on obtient ainsi la formule $e = ir$.

Unité électromagnétique ou absolue de potentiel.

On appelle *unité absolue de potentiel*, la force électromotrice nécessaire pour faire passer, en une seconde, la quantité représentant l'unité absolue (10 coulombs), dans un conducteur ayant l'unité absolue de résistance (la milliardième partie de l'ohm).

Soit AB ce conducteur; le potentiel en A sera de l'unité absolue plus élevé que celui en B.

Valeur de l'unité électromagnétique de potentiel.

On a vu que dans un courant électrique de force électromotrice e, d'intensité i, circulant dans une résistance r, $e = ir$.

Supposons que e = l'unité électromagnétique de potentiel ; i = l'unité électromagnétique d'intensité, c'est-à-dire 10 ampères ; r = l'unité électromagnétique de résistance, c'est-à-dire $\frac{1}{10^9}$ ohm ; $e = ir$ devient alors :

$$e = 10 \times \frac{1}{10^9}$$

L'unité électromagnétique de potentiel vaut donc $\frac{1}{10^8}$ volt.

Valeur de l'unité électrostatique de potentiel.

Examinons un courant de force électromotrice correspondant à l'unité électrostatique de potentiel. Supposons-le ayant l'unité d'intensité électrostatique, c'est-à-dire $\frac{1}{3 \times 10^9}$ ampère. Supposons-le circulant dans une résistance égale à l'unité électrostatique, c'est-à-dire à 9×10^{11} ohms ; $e = ir$ devient :

$$e = \frac{1}{3 \times 10^9} \times 9 \times 10^{11}$$

On voit, d'après ce calcul, que l'unité électrostatique de potentiel représente trois cents volts.

Distribution du potentiel sur un conducteur.

Considérons un générateur quelconque et relions les deux pôles. Supposons l'intensité du courant d'un ampère et suivons le conducteur en partant du pôle positif. Parcourons un espace tel que la résistance de la partie du conducteur parcourue soit d'un ohm. En ce point le potentiel sera d'un volt plus faible que le potentiel du pôle positif. Parcourons encore un ohm du conducteur ; le potentiel baissera d'un volt encore, et ainsi de suite. Enfin on trouvera un point du conducteur où le potentiel sera nul et, en s'éloignant toujours du pôle positif, le potentiel deviendra négatif.

Si le courant avait 7 ampères d'intensité au lieu d'un, à chaque ohm parcouru, l'abaissement de potentiel serait de 7 volts.

D'une manière générale soit AB un conducteur parcouru par un courant d'intensité i et allant de A vers B, soit r la résistance et V_A le potentiel en A ; on obtient la formule :

$$V_A - V_r = ir,$$

ce qui veut dire que la différence de potentiel

entre le point A et le point B est mesurée en volts, par le produit de l'intensité mesurée en ampères, par la résistance mesurée en ohms.

Ainsi donc si l'on voulait savoir de quelle chute de potentiel on doit disposer pour avoir un courant de 7 ampères, dans un conducteur de 10 ohms, il suffirait de multiplier les 7 ampères d'intensité par les 10 ohms de résistance ; soit : $7 \times 10 = 70$ volts.

Ces 70 volts expriment la différence ou la chute de potentiel entre les extrémités A et B du conducteur.

Résumé des unités de potentiel.

Résumons les unités employées pour mesurer le potentiel ; ce sont :

1° L'unité électrostatique de potentiel, ou potentiel d'une sphère d'un centimètre de rayon, chargée de l'unité électrostatique de quantité.

2° L'unité absolue ou électromagnétique de potentiel, ou la différence de potentiel entre deux points réunis par un conducteur qui a l'unité absolue de résistance (la milliardième partie de l'ohm), et dans lequel circule l'unité absolue de courant (10 ampères).

3° L'unité pratique ou volt, c'est-à-dire la différence de potentiel entre deux points réunis par un conducteur d'un ohm de résistance, et dans lequel circule le courant d'un ampère.

L'unité électrostatique = 300 volts.

Le volt = 100 000 000 unités absolues de potentiel.

Force électromotrice d'un générateur.

Nous avons défini précédemment ce qu'on entend par force électromotrice entre deux points A et B. Nous avons vu que c'est la différence de potentiel $V_A - V_B$. Considérons maintenant les deux points extrêmes du conducteur, c'est-à-dire le pôle positif et le pôle négatif du générateur; $V_A - V_B$ deviendra dans ce cas $V_P - V_N$, V_P étant le potentiel du pôle positif, et V_N celui du pôle négatif, et cette différence de potentiel des deux pôles est ce qu'on appelle la *force électromotrice* du courant qui circule dans le conducteur.

Remplaçons maintenant ce conducteur par un autre de résistance plus petite; nous verrons la force électromotrice du courant diminuer. Remplaçons-le au contraire par un autre conducteur de résistance plus grande, nous verrons la force électromotrice augmenter. Ainsi pour un même générateur, dans les mêmes conditions, la force électromotrice augmente ou diminue selon que l'on fait augmenter ou diminuer la résistance extérieure.

Il y a cependant une limite à l'augmentation de la force électromotrice ; quand la résistance est suffisamment grande, bien qu'on augmente encore cette résistance, la force électromotrice du courant reste sensiblement la même. C'est cette constante qu'on appelle : *force électromotrice du générateur*. En d'autres termes on appelle force électromotrice du générateur, la force électromotrice du courant, lorsque le conducteur reliant les deux pôles a une résistance infinie[1]. Spécifions la chose :

Soit un générateur, une pile par exemple, dont la force électromotrice soit de 3 volts ; cela ne veut pas dire qu'il y ait 3 volts de différence de potentiel entre ses deux pôles. Avec un conducteur de faible résistance, on n'obtiendra même que 1 ou 2 volts de chute de potentiel ; mais avec une résistance infinie, les 3 volts apparaîtront aussitôt.[2]

1. Quand la résistance du conducteur est suffisamment grande pour que la différence ou chute de potentiel ne puisse plus augmenter, on dit que cette résistance est infinie ; ce n'est d'ailleurs qu'une façon de s'exprimer.

2. En ne reliant pas les deux pôles par un conducteur, c'est-à-dire en faisant fonctionner le générateur à circuit ouvert, la différence de potentiel des deux pôles représente la force électromotrice du générateur.

Energie électrique. — Unité d'énergie ou Joule.

Considérons un conducteur de la résistance d'un ohm[1]; nous avons vu que, si dans ce conducteur, on fait passer un courant correspondant à l'unité absolue (10 ampères), l'énergie cédée par le courant au conducteur est d'un milliard d'ergs. Dans ces conditions, le conducteur s'échauffera de 24 calories, ce qui représente la transformation en chaleur de cette énergie mécanique de 1 000 000 000 ergs. Un conducteur d'un ohm, dans lequel circule un courant d'un ampère, s'échauffera 100 fois moins.

La perte d'énergie, pour un courant d'intensité d'un ampère, de force électromotrice d'un volt, est donc de 10^7 ergs, et on donne le nom de *joule* à cette énergie. On a donc :

$$\text{Joule} = 10^7 \text{ ergs};$$

Et comme 98 100 000 ergs = un kilogrammètre, il est facile de calculer que :

$$1 \text{ joule} = 0,102 \text{ de kilogrammètre};$$

Et puisque 425 kilogrammètres peuvent se transformer en une grande calorie ou en 1 000 petites calories, on voit que :

$$1 \text{ joule} = 0,24 \text{ de calorie}.$$

1. Voir la définition de l'ohm, page 48.

Il est encore facile de calculer que :

1 grande calorie = 4 170 joules,

1 petite calorie = 4,17 joules.

Puissance. — Unité de puissance ou Watt.

On appelle puissance d'un courant, l'énergie que ce courant cède en une seconde. Cette énergie cédée peut l'être sous forme de chaleur ; un courant échauffe son conducteur. — Cette énergie cédée peut l'être sous forme de travail mécanique ; c'est l'exemple du courant faisant mouvoir la machine réceptrice [1]. — Cette énergie cédée peut encore l'être sous forme d'énergie chimique ; c'est l'exemple de la galvanoplastie ou de l'accumulateur.

Quand on charge un accumulateur, l'énergie électrique se transforme en énergie chimique, c'est-à-dire que l'énergie électrique disparaît, mais que le plomb et l'eau de l'accumulateur sont dans un état tel qu'il y a réaction chimique. Par le phénomène de la décharge l'eau et le plomb reviennent à leur état normal ; il y a ce qu'on appelle disparition d'énergie chimique. Cette disparition d'énergie chimique est accompagnée d'une apparition d'énergie

1. La machine réceptrice s'appelle aussi récepteur mécanique, voir page 33.

électrique, et l'on obtient ainsi un courant de sens inverse à celui qui a chargé l'accumulateur.

Le courant qui cède un joule d'énergie par seconde est dit avoir la puissance d'un *watt*.

Watt = Joule-seconde.

Un courant ayant l'intensité d'un ampère et la force électromotrice d'un volt a une puissance d'un watt, puisque ce courant, comme nous l'avons dit plus haut, cède un joule d'énergie par seconde.

Le watt est égal à 0,102 de kilogrammètre par seconde, tandis qu'un cheval-vapeur est égal à 75 kilogrammètres par seconde. 75 divisé par 0,102 donne 736. Il faut donc 736 watts pour faire un cheval-vapeur. Cela veut dire que si un courant de 736 watts cédait toute son énergie sous la forme d'énergie mécanique, on aurait une puissance d'un cheval-vapeur.

Cette parfaite transformation est évidemment impossible, car on ne peut concevoir un courant sans conducteur et une partie de l'énergie de ce courant sera perdue sous forme de chaleur, car un courant échauffe toujours son conducteur.

Dans la pratique on peut admettre qu'avec une puissance de 750 watts, on peut réaliser un cheval-vapeur.

5

Unité électrostatique et électromagnétique d'énergie.

L'unité est la même pour les deux systèmes, c'est l'*erg*, et il faut 10^7 ergs pour produire un joule; il faut 9,81 joules pour faire un kilogrammètre.

Unité électrostatique et électromagnétique de puissance.

L'unité est la même pour les deux systèmes ; c'est l'*erg-seconde ;*

10^7 ergs-seconde = un watt.

736 watts = un cheval-vapeur.

Watt-Heure.

Un courant électrique d'une puissance d'un watt fonctionnant pendant une heure est dit avoir l'énergie d'un *watt-heure*.

Le watt-heure vaut 3 600 joules et par conséquent $0,102 \times 3\,600$ kilogrammètres = 367,20.

736 watts-heure correspondent à un cheval-vapeur-heure.

L'hectowatt-heure vaut 100 watts-heure.

Le kilowatt-heure = 1000 watts-heure.

Remarque sur les unités de résistance.

Nous avons dit plus haut que l'unité électrostatique de résistance correspond à 9×10^{11}

ohms. Nous ne pouvions pas, à ce moment, donner l'explication de ce nombre. Désignons par r ohms l'unité électrostatique de résistance; nous savons que l'intensité de l'unité électrostatique est $\frac{1}{3 \times 10^9}$ ampère, et que la puissance de ce courant est d'un erg-seconde, c'est-à-dire $\frac{1}{10^7}$ watt. Cela résulte en effet de la définition de l'unité électrostatique; écrivons donc :

$$ri^2 = \frac{1}{10^7}$$

$$r \times \left(\frac{1}{3 \times 10^9}\right)^2 = \frac{1}{10^7}$$

D'où $r = 9 \times 10^{11}$ ohms = unité électrostatique de résistance.

Recherchons, par la même méthode, ce que vaut l'unité électromagnétique de résistance.

Nous savons que l'unité électromagnétique d'intensité est 10 ampères; soit :

$$r \times 10^2 = \frac{1}{10^7},$$

ou $r = \frac{1}{10^9}$ ohm = unité électromagnétique de résistance.

Autre définition du volt.

Un courant d'un ampère, c'est-à-dire dont le débit est d'un coulomb par seconde, n'aura un watt de puissance, que si la force électromotrice est d'un volt; donc on peut encore définir le volt de la manière suivante : « Un coulomb est dit avoir un *volt* de force électromotrice, quand ce coulomb cède un joule d'énergie. » Il est bon de rappeler, à ce propos, qu'un courant qui cède un joule d'énergie par seconde a comme puissance un watt.

Donc un coulomb qui aurait 4 volts de force électromotrice, céderait une énergie de 4 joules; 3 coulombs ayant chacun 4 volts de force électromotrice céderont une énergie de 12 joules.

Considérons maintenant le courant ayant l'intensité de 3 ampères et la force électromotrice de 4 volts, fonctionnant pendant 5 secondes, et calculons l'énergie cédée ?

Le courant de 3 ampères débite 3 coulombs en une seconde, donc en 5 secondes il débitera :

$$3 \times 5 = 15 \text{ coulombs ;}$$

Or, puisque le courant a 4 volts de force électromotrice, chaque coulomb aura 4 joules d'énergie et, puisqu'il y a 3×5 coulombs, l'énergie cédée sera de :

$$3 \times 5 \times 4 = 60 \text{ joules.}$$

Cette énergie transformée en chaleur donnerait :

$$60 \times 0{,}24 = 14{,}40 \text{ calories.}$$

Au contraire, transformée en énergie mécanique elle donnerait :

$$60 \times 0{,}102 = 6{,}120 \text{ kilogrammètres.}$$

C'est encore le cas de rappeler que, dans un conducteur, l'énergie cédée par le courant l'est sous forme de chaleur. Dans un récepteur mécanique ou une machine mue par un courant électrique, l'énergie cédée par le courant l'est à la fois sous forme de chaleur et sous forme d'énergie mécanique. Enfin, dans certains cas, l'énergie cédée l'est sous la forme d'énergie chimique ; c'est l'exemple de l'accumulateur ou de la galvanoplastie, et en général de tous les instruments à qui l'on a donné le nom de « récepteur chimique. »

Puissance d'un courant.

Le courant dont nous avons parlé plus haut, et qui a produit 60 joules d'énergie, a fonctionné pendant 5 secondes. S'il n'avait fonctionnné que pendant une seconde, il n'aurait cédé que 12 joules ; or, on appelle *puissance d'un courant*, l'énergie qu'il donne en une seconde.

La puissance du courant ci-dessus est donc de 12 watts. Il faut 736 watts pour avoir la puissance d'un cheval-vapeur. On voit que la puissance du courant en question est à peu près $\frac{1}{62}$ cheval-vapeur.

Généralisons :

Soit un courant de i ampères et de e volts ; sa puissance sera : ei watts.

Si ce courant fonctionne pendant n secondes, son énergie sera : nei joules.

Or, nous avons vu que la force électromotrice est égale au produit de l'intensité par la résistance : $e = ir$, et que la puissance d'un courant est égale au produit de la force électromotrice par l'intensité $P = ei$, ou encore, en remplaçant e par sa valeur :

$$P = i^2r.$$

Ainsi un courant de 3 ampères, circulant dans un conducteur de résistance de 2 ohms, a une puissance de :

$$P = 3^2 \times 2 = 18 \text{ watts}.$$

Si ce courant fonctionne pendant 4 secondes, l'énergie cédée sera de : $18 \times 4 = 72$ joules.

PUISSANCE ÉLECTRIQUE[1]

But du courant électrique.

Le but d'un courant électrique est de faire traverser un récepteur[2], par un ou plusieurs coulombs[3]; chaque coulomb étant capable d'y céder une certaine énergie. Ainsi un courant de 20 watts de puissance peut avoir un débit de 2 coulombs par seconde, chaque coulomb cédant une énergie de 10 joules.

Un courant de 20 watts de puissance peut encore avoir un débit de 5 coulombs; chaque coulombs ayant l'énergie de 4 joules.

On peut exprimer ce fait d'une autre manière, en rappelant que le courant qui débite un coulomb par seconde a précisément l'intensité d'un ampère, et que donner un joule d'énergie à un coulomb, c'est précisément augmenter la

1. Voir page 65, la définition de la puissance électrique et l'étude de ses unités ; pour la puissance mécanique, se reporter à la page 18.

2. Voir page 33.

3. Le coulomb est l'unité pratique de quantité d'électricité, voir page 40.

force électromotrice d'un volt. On peut dire aussi qu'un courant de 20 watts de puissance peut avoir une intensité de 2 ampères et une force électromotrice de 10 volts, ou encore une intensité de 5 ampères et une force électromotrice de 4 volts.

On mesure donc la puissance d'un courant, entre deux points A et B d'un conducteur, en faisant le produit du nombre indiquant la différence en volts du potentiel V_A au point A et du potentiel V_B au point B $(V_A - V_B)$, par le nombre exprimant l'intensité en ampères. On a ainsi la puissance en watts.

Exemple : Supposons que le conducteur AB soit le fil fin d'une lampe Edison de 33 bougies. On sait que, pour le bon fonctionnement de cette lampe, il faut une différence de potentiel entre les deux points A et B de 105 volts, soit : $V_A - V_B = 105$. Il faut également une intensité de courant de 1,5 ampère : $i = 1{,}5$. La puissance que le courant devra céder au fil fin sera donc de :

$$1{,}5 \times 105 = 157{,}5 \text{ watts.}$$

Ceci veut dire que le fil fin est maintenu incandescent de manière à donner l'éclairement de 33 bougies, à condition que le courant lui cède, par seconde, la quantité de chaleur de : $157,5 \times 0,24 = 37,8$ calories.

Puissance du courant.

Rappelons que la différence de potentiel entre deux points ($V_A - V_B$) est égale au produit de la résistance du conducteur exprimée en ohms par l'intensité mesurée en ampères. Soit e cette différence de potentiel :

$$V_A - V_B = e, \quad \text{et } e = ir.$$

On a vu qu'il fallait multiplier e par l'intensité en ampères, pour avoir la puissance du courant. Soit C la puissance du courant, on obtient $C = ei$; et en remplaçant e par sa valeur : $C = i^2r$.

Puissance du courant extérieur d'un générateur.

On appelle *puissance du courant extérieur* fourni par un générateur, la puissance du courant circulant dans le conducteur extérieur qui relie le pôle positif au pôle négatif du générateur. Soient : C_E la puissance du courant extérieur, V_P le potentiel du pôle positif, V_N celui du pôle négatif ; on a d'après ce que nous venons de voir : $C_E = (V_P - V_N)i$.

En général $V_N = - V_P$, c'est-à-dire que si le potentiel du pôle positif est de 5 volts, celui du pôle négatif du générateur est de — 5, et la différence $V_P - V_N$ sera dans ce cas de 10 volts.

Exemple : Supposons un générateur qui, à un moment donné, a une différence de 21 volts entre ses deux pôles, et qui donne un courant ayant l'intensité de 3 ampères. La puissance du courant extérieur fourni sera de $3 \times 21 = 63$ watts.

On peut faire le calcul de cette puissance en connaissant seulement l'intensité et la résistance du circuit extérieur. Ainsi, dans cet exemple, si le conducteur extérieur a une résistance de 7 ohms, on retrouvera la puissance en faisant le produit du carré de l'intensité par la résistance ; soit :

$$3^2 \times 7 = 63 \text{ watts.}$$

Puissance du courant intérieur fourni par le générateur.

On a vu que, dans un générateur, il existe un courant circulant à l'intérieur et remontant du pôle négatif au pôle positif. Ce courant échauffe le générateur lui-même. On sait qu'un courant d'intensité i, de résistance r, a comme puissance i^2r. Si l'on désigne donc par C_1 la puissance du courant intérieur, et r la résistance intérieure du générateur $C_1 = i^2r$, et le générateur s'échauffera de 0,24 i^2r par seconde, mais l'air ambiant le refroidira.

Exemple : Un générateur qui a une résistance intérieure de 5 ohms, donnant un courant d'intensité de 4 ampères, fournira un courant intérieur dont la puissance sera :

$$C_1 = 4^2 \times 5 = 80 \text{ watts},$$

et qui échauffera le générateur de :

$$80 \times 0{,}24 = 19{,}20 \text{ calories par seconde.}$$

Puissance d'un générateur.

Nous avons étudié la puissance du courant extérieur et celle du courant intérieur, quand, dans un circuit, il n'y a ni récepteur mécanique, ni récepteur chimique, ni transformateur. La puissance du générateur est égale à la somme des deux autres puissances. Soient : G la puissance du générateur, C_2 celle du courant extérieur, C_1 celle du courant intérieur ; on a :

$$G = C_2 + C_1;$$

Soient R la résistance extérieure, et i l'intensité du courant :

$$C_2 = R\,i^2.$$

Soit r la résistance intérieure du générateur,

$$C_1 = ri^2.$$

Or : $$G = C_2 + C_1 = i^2 (R + r).$$

La puissance d'un générateur, dans le cas simple où il n'y a dans le circuit ni transformateur, ni récepteur mécanique, ni récepteur chimique, est donc égale au carré de l'intensité multiplié par la résistance totale, c'est-à-dire par la résistance du conducteur extérieur ajoutée à la résistance intérieure de la dynamo.

Supposons, par exemple, qu'on veuille installer 10 lampes de 33 bougies chacune ; on sait que chacune des lampes a la résistance de 70 ohms. Nous supposerons qu'entre deux lampes il y ait un conducteur d'une résistance de 5 ohms ; on a donc une résistance extérieure R de 750 ohms. Supposons que la dynamo a une résistance intérieure de 10 ohms ; la résistance totale sera donc de 760 ohms. Pour le bon fonctionnement de ces lampes, il faut un courant d'intensité de 1,5 ampère. La puissance nécessaire à la dynamo est donc de :

$$760 \times 1{,}5^2 = 1714 \text{ watts},$$

ce qui correspond à peu près à 2,5 chevaux-vapeur ; c'est-à-dire qu'il faudra pour actionner cette dynamo, un moteur mécanique ayant à peu près cette puissance.

Si, au lieu de donner la résistance de chaque lampe et des conducteurs, on connaissait la différence de potentiel ou force électromotrice nécessaire pour le bon fonctionnement, le calcul de la puissance du générateur se ferait d'une manière aussi simple que la précédente.

Exemple : On désire installer 20 lampes de 8 bougies chacune. Chaque lampe absorbe une force électromotrice de 52 volts. Nous admettrons que l'ensemble des conducteurs absorbe une force de 40 volts. Il faut donc qu'entre le pôle positif et le pôle négatif de la dynamo, il y ait une différence de potentiel de :

$$20 \times 52 + 40 = 1080 \text{ volts.}$$

On sait qu'il faut de plus pour ces lampes un courant de 0,74 d'ampère. Nous supposerons à la dynamo une résistance intérieure de 10 ohms. La puissance du courant intérieur deviendra donc :

$$C_1 = 10 \times 0{,}74^2 = 5{,}476 \text{ watts.}$$

Puisqu'il y a une différence de 1080 volts entre les deux pôles, et un courant de 0,74 d'ampère, la puissance du courant extérieur sera de :

$$C_2 = 1080 \times 0,74 = 799,20 \text{ watts.}$$

La puissance du générateur est $C_2 + C_1$:

$$G = 799,20 + 5,476 = 804 \text{ watts.}$$

Il est facile de voir qu'il faudrait un moteur d'à peu près 1,5 cheval-vapeur pour actionner la dynamo. Le cheval-vapeur correspond à 736 watts, mais à cause du frottement, il faut calculer qu'un moteur d'un cheval ne peut actionner qu'une dynamo de 650 watts de puissance.

Résumé des formules donnant la puissance d'un générateur, dans le cas où il n'y a dans le circuit ni transformateur, ni récepteur mécanique, ni récepteur chimique.

Appelons : G la puissance du générateur, R la résistance extérieure, r la résistance intérieure, i l'intensité. On a d'après ce que nous avons vu :

$$G = i^2 (R + r).$$

Appelons e la différence de potentiel entre les deux pôles, on a encore :

$$G = ei + i^2 r,$$

ei représente la puissance du courant extérieur.

Force électromotrice d'un générateur dans le cas où il n'y a dans le circuit ni transformateur, ni récepteur mécanique, ni récepteur chimique.

Nous avons déjà vu qu'on appelle, dans ce cas, force électromotrice d'un générateur, la différence de potentiel entre les deux pôles du générateur (V_p — V_n), quand la résistance extérieure est très grande par rapport à la résistance intérieure. Nous allons chercher un moyen de mesurer cette force électromotrice lors même que la résistance extérieure ne serait pas très grande, puis nous essaierons de montrer que cette force exprimée en volts est mesurée par un nombre qu'on obtient de la manière suivante : on divise le nombre exprimant en watts la puissance du courant, par le nombre exprimant en ampères l'intensité du courant. Procédons de la même manière que pour le calcul de la puissance.

La force électromotrice du générateur est égale à la somme des deux forces électromotrices, la force électromotrice du courant extérieur et la force électromotrice du courant intérieur. La première peut se mesurer directement avec un voltmètre, car ce n'est autre chose que la différence de potentiel entre les deux pôles du générateur. La deuxième, au contraire, ne peut pas se mesurer de la même manière et, pour la calculer, on fait le produit du nombre mesurant l'intensité par celui mesurant la résistance.

Calculons par exemple la force électromotrice du générateur dont la différence de potentiel entre les deux pôles est de 15 volts, le courant fourni ayant l'intensité de 3 ampères, et la résistance intérieure de la dynamo celle de 10 ohms? Dans ce cas, la force électromotrice du courant extérieur est 15 volts. Celle du courant intérieur est $3 \times 10 = 30$ volts. La force électromotrice du générateur est donc : $15 + 30 = 45$ volts.

Calculons la puissance de ce générateur. D'après ce que nous avons vu, le courant extérieur a une puissance de : $C_2 = 15 \times 3$ watts.

Le courant intérieur C_1 a une puissance de :

$$C_1 = 3^2 \times 10,$$

$$G = C_2 + C_1 = 3 \times 15 + 3^2 \times 10 = 3(15 + 30),$$

$$G = 3(15 + 30) \text{ watts.}$$

Ce qui figure entre parenthèse n'est autre chose que la force électromotrice du générateur.

La puissance d'un générateur est donc égale à la force électromotrice du générateur multipliée par l'intensité du courant. Soit E cette force électromotrice, on a donc :

$$G = Ei, \text{ ou } E = \frac{G}{i}$$

Puissance absorbée par un récepteur mécanique.

On donne le nom de récepteur mécanique, à toute machine dans laquelle s'opère la transformation de l'énergie électrique en énergie mécanique. Dans ce récepteur il se produit non seulement de l'énergie mécanique mais encore de l'énergie thermique ou chaleur. Cette chaleur est due à deux causes bien distinctes : 1° le courant électrique, en traversant cette machine, l'échauffe, car un courant échauffe toujours son conducteur ; — 2° partout où il y a mouvement il y a frottement et, par conséquent, chaleur.

Quelle que soit la cause de cette apparition de chaleur, il faut compter cette énergie thermique comme on compte l'énergie mécanique, et on appelle *puissance absorbée*, la somme de ces deux énergies qui apparaissent en une seconde.

Supposons, par exemple, un récepteur mécanique qui, en une seconde, fait un travail de 90 kilogrammètres et qui s'échauffe de 80 calories, et calculons la puissance qu'absorbe ce récepteur?

Le watt correspond à 0,102 de kilogrammètre par seconde. Le watt correspond aussi à 0,24 de calorie. La puissance absorbée est donc de :

$$\frac{90}{0,102} + \frac{80}{0,24} = 1257 \text{ watts.}$$

Puissance d'un générateur dans le cas où il y a dans le circuit un ou plusieurs récepteurs mécaniques, mais où il n'y a ni transformateur ni récepteur chimique.

Dans ce cas, on fait le calcul comme nous l'avons déjà vu, et on ajoute au nombre de watts ainsi obtenu, la somme des puissances absorbées par les récepteurs mécaniques.

Exemple : Supposons qu'on veuille transporter la force dans deux récepteurs mécaniques. Pour le premier on fait une canalisation de 20 ohms ; pour le deuxième on en fait une de 30 ; la résistance intérieure de la dynamo est de 10 ohms; le courant a une intensité de 4 ampères; le premier récepteur absorbe une puissance de 500 watts. Le deuxième absorbe une puissance de 1 000 watts. Ces 500 watts représentent la puissance absorbée par le récepteur, sous forme d'énergie mécanique et sous forme de chaleur; même remarque sur les 1 000 watts. Quelle est la puissance de la dynamo?

La résistance totale des conducteurs est de : $20 + 30 = 50$ ohms; le courant est de 4 ampères. Ce que nous avons appelé puissance du courant extérieur est donc de : $C_e = 4^2 \times 50 = 800$ watts.

La résistance intérieure est de 10 ohms; la puissance du courant intérieur est donc : $C_i = 4^2 \times 10 = 160$ watts.

La puissance de la dynamo est donc :

$$800 + 160 + 500 + 1\,000 = 2\,460 \text{ watts.}$$

Autre exemple : Pour transporter la force dans un récepteur mécanique, on se sert : d'une dynamo ayant une résistance intérieure de 10 ohms; d'une canalisation qui a la résistance de 100 ohms; le récepteur mécanique a une résistance intérieure de 20 ohms; la puissance purement mécanique de ce récepteur est de 200 watts; la chaleur par frottement correspond à 10 watts; le courant a une intensité de 2 ampères. Quelle est la puissance de la dynamo?

Remarquons que la puissance qu'absorbe le récepteur est supérieure à 210 watts; en effet, nous n'avons pas parlé de l'échauffement que le courant produit sur le récepteur. Cet échauffement correspond à : $2^2 \times 20$ watts. La puissance absorbée par le récepteur est donc : $210 + 2^2 \times 20$ watts. La puissance absorbée par l'échauffement de la canalisation est : $2^2 \times 100$. La puissance absorbée par l'échauffement de la dynamo, échauffement dû au courant intérieur, est de : $2^2 \times 10$. La puissance que la dynamo doit fournir est donc :

$$210 + 2^2 \times 20 + 2^2 \times 100 + 2^2 \times 10 = 530 \text{ watts.}$$

Force contre-électromotrice d'un récepteur mécanique.

Dire qu'un récepteur absorbe une puissance de 500 watts, lorsqu'il est parcouru par un courant de 4 ampères, c'est dire que si cette énergie électrique n'était pas transformée en mouvement et en chaleur, elle serait représentée par un courant d'intensité de 4 ampères et de force électromotrice de 125 volts. Ce courant a bien, en effet, une puissance de 500 watts. On appelle donc *force contre-électromotrice* d'un récepteur mécanique, la force électromotrice du courant détruit, et cette force est précisément égale à la différence de potentiel entre les deux bornes du récepteur.

On peut encore mesurer cette force, en divisant le nombre exprimant la puissance en watts par le nombre d'ampères du courant. Un récepteur mécanique d'une puissance de 1 000 watts, lorsqu'il est traversé par un courant de 4 ampères, a donc une force contre-électromotrice de 250 volts ; c'est-à-dire qu'il y a une différence de 250 volts entre les potentiels de ses deux bornes.

RÉCEPTEUR CHIMIQUE

On appelle ainsi tout appareil dans lequel s'opère la transformation d'énergie électrique en énergie chimique. Deux corps possèdent de l'énergie chimique, lorsqu'ils sont capables de se combiner en donnant soit de la chaleur, soit de l'électricité. Ils ont cette énergie chimique avant de se combiner. Par la combinaison ils la perdent, mais on retrouve intégralement cette énergie sous forme de chaleur et d'électricité.

Exemple : 32 grammes de zinc en se combinant avec 98 grammes d'acide sulfurique dégagent : 96 500 coulombs. On exprime ce fait en disant : L'énergie chimique du système zinc-acide-sulfurique s'est transformée en énergie électrique.

En brûlant 12 grammes de charbon, on obtient un dégagement de 97 calories. Or, brûler du charbon c'est combiner le charbon à l'oxygène de l'air. Nous pouvons donc dire que l'énergie chimique du système : charbon-oxygène s'est transformée en énergie thermique ou chaleur.

Pour pouvoir indiquer dans quelles conditions s'effectuent ces transformations, il est nécessaire de parler de l'équivalent chimique.

Équivalent chimique.

Il y a pour tous les corps simples un nombre appelé *équivalent chimique ;* ainsi l'équivalent de l'hydrogène est 1 ; celui de l'oxygène est 8.

Effet du coulomb sur un corps composé.

Faisons passer un coulomb dans de l'eau, nous mettrons en liberté 0,0000104 de gramme d'hydrogène et $8 \times 0{,}0000104$ d'oxygène. Faisons passer un coulomb dans un corps composé quelconque dont les équivalents des corps simples sont q et q', nous mettrons en liberté à la fois : $q \times 0{,}0000104$ grammes du premier corps et $q' \times 0{,}0000104$ du deuxième corps.

Avec cette donnée il est facile de calculer qu'avec 96 500 coulombs on met en liberté : un gramme d'hydrogène, 8 grammes d'oxygène, 35 grammes de chlore, et en général q grammes d'un corps simple dont l'équivalent est q.

Calculons, comme application, le temps qu'il faudra pour obtenir 50 grammes d'argent, lorsqu'on décompose un sel d'argent à l'aide d'un courant qui a une intensité de 10 ampères au moment où ce sel est traversé ?

On sait que l'équivalent de l'argent est 108. Pour obtenir 108 grammes d'argent, il faut 96 500 coulombs. Pour en obtenir 50 grammes, il faut $\frac{96\,500}{108} \times 50$. Or, nous disposons d'une source donnant 10 coulombs par seconde, donc le temps nécessaire est :

$$\frac{96\,500}{108 \times 10} \times 50 \text{ secondes.}$$

Cela fait 4 467 secondes ou une heure 14 minutes 27 secondes.

Autre exemple : On veut décomposer du sel marin pour obtenir du chlore. L'équivalent du chlore est 35,5. Combien de temps faudra-t-il pour avoir 50 grammes de ce gaz? Le générateur électrique a une résistance intérieure de 10 ohms et une force électromotrice de 210 volts. La canalisation et le sol offrent ensemble une résistance de 20 ohms.

Pour avoir 50 grammes de chlore, il faut $\frac{96\,500}{35,5} \times 50$ coulombs. Or, nous disposons d'une source qui, en une seconde, donne : $\frac{210}{20 + 10} = 7$ coulombs. Le temps nécessaire est donc :

$$\frac{96\,500}{35,5 \times 7} \times 50 = 19\,416 \text{ secondes,}$$

soit 5 heures 23 minutes 36 secondes.

Économie dans le travail de l'électrolyse.

Nous allons montrer que, dans certains cas, on peut obtenir le travail de l'électrolyse plus économiquement.

Supposons, par exemple, que nous voulions cuivrer un objet et, pour cela, que nous décomposions du sulfate de cuivre. L'équivalent chimique du cuivre étant de 31 ; d'après ce que nous avons dit, il faudra 96 500 coulombs pour déposer 31 grammes de ce métal. Nous réaliserons une très grande économie de coulombs produits par le générateur, en faisant plonger des morceaux de cuivre dans le bain. Il se passera alors un phénomène double : une combinaison et une décomposition. L'acide sulfurique en excès[1] se combinera avec le cuivre et donnera naissance à une énergie[2]. Cette énergie s'ajoutera à celle du générateur et elle aidera puissamment à décomposer le sulfate de cuivre. L'économie réalisée ainsi est telle que l'on est presque fondé à dire que l'énergie du générateur ne sert qu'à transporter le métal sur l'électrode, et on arrive ainsi à cuivrer un objet avec une très faible source d'électricité.

Accumulateur.

Parmi les différents récepteurs chimiques, l'accumulateur est un de ceux qui est le plus employé.

On dit qu'on charge un accumulateur quand on transforme l'énergie électrique d'un générateur en énergie chimique. L'énergie électrique disparaît alors, mais l'eau de l'accumulateur se décompose en oxygène et hydrogène, et ces deux gaz restent absorbés par le plomb. Par le phénomène de la décharge ces deux gaz se

1. Dans le cas où le sulfate de cuivre ne contiendrait pas un excès d'acide sulfurique, on en mettra quelques gouttes pour amorcer.

2. En réalité, c'est l'énergie chimique du système cuivre-acide-sulfurique qui se transforme en énergie électrique. Cette énergie électrique s'ajoute à celle du générateur et aide ainsi à accomplir le travail de l'électrolyse.

recombinent; ce qui fait disparaître l'énergie chimique, mais il se forme un courant électrique qu'on utilise.

Capacité d'un accumulateur en ampères-heure.

Chargeons un accumulateur à refus, c'est-à-dire le plus possible, et déchargeons-le par un courant d'intensité constante de 3 ampères, par exemple. Si la décharge n'a lieu qu'au bout de douze heures, on dira que l'accumulateur a une capacité de $3 \times 12 = 36$ ampères-heure. L'ampère étant un courant dont le débit est d'un coulomb par seconde, l'ampère-heure vaut 3600 coulombs. L'accumulateur de la capacité de 36 ampères-heure peut donc contenir 36×3600 coulombs.

La capacité d'un accumulateur en ampères-heure dépend de la manière dont on le décharge, et elle est d'autant plus grande qu'on met plus de temps à cette opération.

Capacité utilisable par kilogramme de plaque.

Supposons que, dans l'exemple précédent, l'accumulateur ait 4 kilogrammes de plaques de plomb. La *capacité utilisable* par kilogramme sera $\frac{36}{4} = 9$ ampères-heure.

On est arrivé à construire des accumulateurs d'une capacité de 10 ampères-heure par kilogramme de poids total.

Rendement en quantité.

Pour se rendre compte du bon fonctionnement d'un accumulateur, il faut connaître le *rendement en quantité* qui n'est autre que le quotient de la quantité d'électricité restituée pendant la décharge par celle empruntée au générateur. Ce rendement est en général de 90 à 95 pour 100, c'est-à-dire que l'accumulateur qui reçoit 100 coulombs en rend en général de 90 à 95.

Rendement en énergie d'un accumulateur.

Nous avons confié à l'accumulateur une certaine énergie électrique que nous pouvons évaluer soit en joules soit en watts-heure. Le watt-heure vaut 3 600 joules, puisqu'il est fourni par un courant d'un watt, c'est-à-dire d'un joule à la seconde, et cela pendant une heure. Le rapport entre l'énergie rendue et l'énergie reçue est ce que nous appellerons le *rendement en énergie*.

Il est facile de montrer que le rendement en énergie est plus petit que le rendement en quantité. Soient q la quantité reçue, e la force électromotrice du courant de charge, q' la quantité restituée, e' la force électromotrice du courant de décharge, q est plus grand que q'; e est plus grand que e'. Or le rendement en énergie $= \frac{e'q'}{eq}$; mais $\frac{q'}{q}$ est le rendement en quantité; donc le rendement en énergie $= \frac{e'}{e}$ multiplié par le rendement en quantité. Or $\frac{e'}{e} < 1$; donc le rendement en énergie est plus petit que le rendement en quantité.

Supposons que, pour charger un accumulateur, il ait fallu un courant de 40 ampères-heure, avec une force électromotrice moyenne de 2 volts. L'énergie empruntée sera donc de :

$$2 \times 40 \text{ watts-heure.}$$

L'énergie restituée, je suppose, sera représentée par un courant 36 ampères-heure d'une force électromotrice moyenne de 1,8 volt. L'énergie restituée sera donc de :

$$1{,}8 \times 36 \text{ watts-heure.}$$

Le rendement en énergie sera donc de :

$$\frac{36 \times 1{,}8}{2 \times 40} = 0{,}801\,;$$

C'est-à-dire que si l'on confie l'énergie de

1 000 joules à cet accumulateur, cet appareil n'en restitue que 801.

L'énergie disponible ou restituée est, dans ce cas, $36 \times 1,8 = 64,8$ watts-heure.

Le courant de charge a en général deux volts de force électromotrice par paires d'électrodes. Le courant de décharge a une force électromotrice un peu plus petite, 1,9 volt, par exemple.

Énergie disponible par kilogramme de plaque.

Cette énergie n'est autre que l'énergie disponible divisée par le nombre exprimant le poids en kilos de plaques. Dans le cas qui nous occupe, si l'on dispose de 4 kilogrammes de plaques, l'énergie disponible est de :

$$\frac{64,8}{4} = 6,2 \text{ watts-heure.}$$

L'énergie disponible est beaucoup plus grande quand la charge a été faite lentement. On est arrivé à obtenir 20 watts-heure par kilogramme de poids total par une charge lente.

Puissance de l'accumulateur.

Enfin, il est encore une grandeur dont la connaissance est utile pour se rendre compte des services que peut rendre l'accumulateur. Cette grandeur est la *puissance* de l'accumulateur. Pour la calculer il suffit de multiplier le nombre mesurant l'intensité en ampères, par la force électromotrice moyenne comptée en volts.

Dans l'exemple précédent, nous avons vu que le courant fourni était de 36 ampères-heure et durait 12 heures. Ce courant est donc de 3 ampères. La force électromotrice moyenne étant de 1,8 volt, la puissance est donc de $3 \times 1,8$ ou de 5,4 watts.

Dans les mêmes conditions la puissance par kilogrammes de plaques, étant donné qu'il y en a 4 kilos, sera de :

$$\frac{5,4}{4} = 1,35 \text{ watt.}$$

L'appareil, dans lequel se fait l'électrolyse dont nous avons parlé plus haut, s'appelle voltamètre. Le voltamètre et l'accumulateur sont les récepteurs chimiques les plus employés.

Nous n'entreprendrons pas la description du premier appareil, auquel on peut donner une forme quelconque.

RÉCEPTEUR THERMIQUE

Considérations générales sur un circuit.

Dans un circuit, c'est-à-dire sur le chemin que parcourt le courant, on peut disposer un ou plusieurs générateurs ainsi que des récepteurs mécaniques, des récepteurs chimiques, des récepteurs thermiques et enfin des transformateurs. Nous avons passé en revue les principales grandeurs qu'il est utile de connaître, mais nous n'avons pas encore étudié les récepteurs thermiques et les transformateurs.

Récepteur thermique.

Nous avons vu plus haut que tout corps offrant une résistance de R ohms, traversé par un courant de i ampères, s'échauffe de i^2R joules par seconde, ou ce qui revient au même de $0{,}24i^2R$ calories par seconde.

Soit e volts la différence de potentiel entre les deux points extrêmes du conducteur; l'échauffement sera de ei joules par seconde. Ce corps se refroidit d'ailleurs par rayonnement, mais il n'en constitue pas moins pour cela un *récepteur thermique*.

Quand, avec très peu de matière, on peut

obtenir une grande résistance, comme par exemple le fil fin de la lampe Edison, cette matière se trouve portée à l'incandescence. Il n'y a donc rien à dire de particulier sur un récepteur thermique, puisque tout corps traversé par un courant électrique devient un récepteur thermique.

Transformateur.

Le transformateur est un récepteur électrique, puisqu'il reçoit de l'énergie électrique sous une certaine forme et la rend sous une autre forme.

Lorsqu'on veut transporter l'énergie au moyen de l'électricité, il y a une perte de puissance de Ri^2 watts, R ohms étant la résistance, i ampères l'intensité. On peut diminuer cette perte soit en diminuant la résistance, soit en diminuant l'intensité du courant, sans nuire toutefois au transport de l'énergie. La raison économique empêche évidemment l'emploi des fils très gros qui, pour la même longueur, ont une résistance électrique bien plus faible que les fils fins. On a donc cherché à diminuer l'intensité du courant, en augmentant sa force électromotrice. Un exemple va nous faire comprendre l'avantage de cette méthode.

Supposons un générateur fournissant un courant d'une puissance de 6 000 watts, qui ait 3 ampères d'intensité et 2 000 volts de force électromotrice, et que la canalisation ait une résistance de 500 ohms. La perte de puissance sera dans ce cas de $3^2 \times 500$ watts. La puissance du récepteur mécanique ne sera donc que de :

$$6\,000 - 4\,500 = 1\,500 \text{ watts.}$$

Nous ne recueillerons donc dans ce cas, sous forme utile, que le quart de la puissance du générateur.

C'est alors que nous devons faire intervenir le transformateur et, grâce à lui, au lieu d'obtenir le courant de 6 000 watts sous la forme de 3 ampères et 2 000 volts, nous l'aurons sous la forme de $\frac{1}{4}$ ampère et 24 000 volts ; ce qui donne toujours 6 000 watts de puissance.

La perte de puissance dans ces nouvelles conditions ne sera plus que de :

$$500 \times \left(\frac{1}{4}\right)^2 \text{ watts,}$$

et la puissance du récepteur pourra donc être de :

$$6\,000 - \frac{1}{16} \times 500 = 5\,970 \text{ watts.}$$

Il y a cependant une perte d'énergie due à ce que le rendement d'un transformateur n'est que 95 pour 100. Si l'on confie 100 watts à un transformateur, il n'en restitue que 95; 5 watts se sont transformés en chaleur. Malgré cela cet appareil est indispensable pour le transport de la force à une grande distance.

Quelquefois on fait usage de deux transformateurs successifs; le premier élevant la tension mais diminuant l'intensité du courant, permet de réaliser une très petite perte dans la canalisation. Il est placé à côté du générateur. Le second appareil mis près du récepteur abaisse la tension et élève l'intensité; il permet d'obtenir un grand rendement d'énergie.

CHAPITRE III

RÉSUMÉ DES UNITÉS

RÉSUMÉ DES UNITÉS PRATIQUES

Travail.

Le but de la machine est de produire du travail. On prend comme unité de travail, le kilogrammètre qui est le travail nécessaire pour élever un kilogramme à un mètre de hauteur, ou le joule qui vaut 0,102 de kilogrammètre.

Puissance.

La machine produit un travail proportionnel au temps pendant lequel elle fonctionne. On appelle puissance, le travail accompli en une seconde. L'unité de puissance sera : le cheval-vapeur (75 kilogrammètres à la seconde), ou le poncelet (100 kilogrammètres à la seconde), ou le kilowatt (102 kilogrammètres à la seconde), ou le watt (0,102 de kilogrammètre à la seconde). Le cheval-vapeur vaut 736 watts.

Chaleur ou Energie thermique.

La grande calorie est la quantité de chaleur qu'il faut pour élever un kilogramme d'eau de un degré centigrade. La petite calorie est la quantité de chaleur nécessaire pour élever un gramme d'eau d'un degré centigrade; la grande calorie = 1000 petites calories.

Équivalent mécanique de la chaleur.

L'énergie thermique peut se transformer en énergie mécanique, et réciproquement l'énergie mécanique peut se transformer en énergie thermique. Une grande calorie se transforme en 425 kilogrammètres ou en 4170 joules. Un joule se transforme en 0,24 de petite calorie.

Dans une bonne machine à vapeur, sur 100 grandes calories produites par le foyer, on en compte 92 qui ne se transforment pas en travail, et on n'obtient que 8 × 425 kilogrammètres.

Énergie électrique.

L'énergie mécanique peut se transformer en énergie électrique et réciproquement. Nous avons donné la valeur du joule en énergie mécanique, soit 0,102 de kilogrammètre. Si donc on pouvait transformer sans perte l'énergie mécanique ou le travail d'un joule, en énergie électrique, on obtiendrait le courant électrique ayant l'énergie d'un joule. Le joule s'appelle aussi watt-seconde.

Le watt-heure vaut 3600 joules; l'hecto-watt-heure 360 000 joules; le kilowatt-heure, 1000 watts-heure.

Une bonne dynamo qui absorberait 100 joules d'énergie mécanique, rendrait 96 joules d'énergie électrique; 4 joules d'énergie mécanique se transformeraient en chaleur à cause du frottement, et donneraient 4 × 0,24 petites calories.

Puissance d'un courant.

Un courant qui céderait, soit sous forme de chaleur, soit sous forme d'énergie mécanique, soit sous forme d'énergie chimique, un joule par seconde est dit avoir la puissance d'un watt.

Résistance.

Tout corps offre une certaine résistance au courant électrique qui le traverse; en d'autres termes, un courant électrique échauffe le corps qu'il traverse et la résistance est précisément la cause inconnue de la transformation d'énergie électrique en énergie thermique. On prend comme unité pratique l'ohm ou la résistance d'une colonne de mercure de 106 centimètres de longueur et d'un millimètre carré de section.

Force électromotrice.

On appelle force électromotrice d'un courant AB, la différence de potentiel entre les extrémités A et B du conducteur. On démontre que la force électromotrice d'un courant est moyenne proportionnelle entre la puissance et la résistance. La formule reliant la puissance, la force électromotrice et la résistance est : $P = \frac{e^2}{r}$ ou ce qui revient au même $e = \sqrt{Pr}$.

On prendra comme unité pratique de force électromotrice, le volt. Le volt est la force électromotrice du courant dont la puissance est un watt et dont le conducteur a la résistance d'un ohm.

Intensité.

L'intensité c'est la quantité d'électricité qui passe, en une seconde, dans la section du conducteur. Considérons le courant ayant un watt de puissance, un volt de force électromotrice et circulant dans le conducteur d'un ohm de résistance. Ce courant aura, par définition, un ampère d'intensité.

Quantité d'électricité.

On a pris comme unité, la quantité d'électricité qui passe, en une seconde, dans la section d'un conducteur transportant le courant d'un ampère. On appelle cette unité coulomb ou ampère-seconde.

L'ampère-heure vaut 3 600 coulombs.

RÉSUMÉ DES UNITÉS ÉLECTROSTATIQUES

Ce système d'unités dérive du système C. G.S. (centimètre, gramme-masse, seconde). Ces unités ne portent pas de noms spéciaux.

Unité électrostatique de quantité ou de charge.

Si deux sphères également électrisées, ayant leur centre à un centimètre de distance, s'attirent avec la force d'une dyne, on dit qu'elles ont chacune l'unité électrostatique de quantité. Elles sont, dans ce cas, chargées d'électricité de signes contraires. Si deux corps se repoussent, c'est qu'ils sont chargés d'électricité de même signe.

Désignons par q, la charge d'un corps en unités électrostatiques, par q' la charge électrique d'un autre corps, par d la distance en centimètres des deux centres, par f la force d'attraction ou de répulsion en dynes ; on a :

$$f = \frac{qq'}{d^2}$$

Rappelons que la dyne vaut $\frac{1}{981}$ de gramme.

Il faut 3×10^9 unités électrostatiques pour faire un coulomb.

Unité électrostatique d'intensité ou de courant.

Le courant qui débite l'unité électrostatique de quantité par seconde est dit avoir l'unité électrostatique d'intensité.

Désignons par q le débit d'un courant d'intensité i pendant t secondes ; on a : $q = it$.

Il faut 3×10^9 unités électrostatiques d'intensité pour faire un ampère.

Unité électrostatique de résistance.

Un conducteur a l'unité électrostatique de résistance, quand, parcouru par un courant d'unité électrostatique d'intensité, il s'échauffe, en une seconde, de la quantité de chaleur correspondant à un erg. La quantité de chaleur dont nous parlons est très petite; il faudrait $425 \times 981 \times 100$ fois cette chaleur, pour élever un gramme d'eau d'un degré, c'est-à-dire pour produire une petite calorie.

La valeur de cette unité est de 9×10^{11} ohms.

Unité électrostatique de potentiel.

Cette unité peut servir aussi à mesurer la force électromotrice. En voici la définition :

c'est le potentiel d'une sphère d'un centimètre de rayon, chargée de l'unité électrostatique de quantité.

La valeur de cette unité correspond à 300 volts.

Appelons V_A le potentiel d'un point quelconque A d'un conducteur, V_B le potentiel d'un point B ; le courant qui circule dans le conducteur AB, si nous supposons $V_A > V_B$ va dans le sens de A à B et a une force électromotrice

$$e = V_A - V_B.$$

En appelant r la résistance, on a : $e = ir$.

Énergie et puissance.

Pour l'énergie et la puissance, les unités électrostatiques et les unités électromagnétiques sont les mêmes. L'unité d'énergie est l'erg. L'unité de puissance est l'erg-seconde.

On sait que l'énergie électrique peut se transformer en énergie mécanique ; si donc une énergie électrique est telle que transformée en énergie mécanique elle donnerait un erg, on dira que cette énergie électrique a la puissance d'un erg.

Le courant électrique qui donne un erg par seconde est dit avoir l'unité de puissance ou l'erg-seconde.

Rappelons que 98 100 000 ergs valent un

kilogrammètre, et que $75 \times 98\,100\,000$ ergs-seconde correspondent à un cheval-vapeur.

Soient T l'énergie d'un courant, P sa puissance, t le temps pendant lequel le courant fonctionne :

$$T = Pt, \quad P = ei, \quad P = i^2 r.$$

Le courant ayant l'unité électrostatique d'intensité et de force électromotrice a la puissance d'un erg-seconde.

Rappelons encore que 10^7 ergs valent un joule, et que 10^7 ergs-seconde valent un watt.

RÉSUMÉ DES UNITÉS ÉLECTROMAGNÉTIQUES OU ABSOLUES

Unité absolue de magnétisme.

Supposons deux aimants également aimantés, assez petits pour être considérés comme deux points. Supposons ces deux points à un centimètre l'un de l'autre, et encore que la force d'attraction ou de répulsion qui en résulte soit égale à une dyne. On dit que ces deux points contiennent chacun la quantité représentant l'unité de magnétisme.

Unité absolue d'intensité.

Supposons maintenant un fil de cuivre ayant la forme d'un arc de cercle, ce fil ayant un centimètre de longueur et le cercle un centimètre de rayon, puis au centre de ce cercle un aimant contenant l'unité de magnétisme. Faisons passer, dans ce fil, un courant tel que l'aimant attire ou repousse le fil avec la force d'une dyne. C'est l'intensité de ce courant qui a été prise pour l'unité absolue d'intensité. Cette unité vaut 10 ampères.

Unité absolue de quantité.

Le courant ayant l'unité absolue d'intensité donne, en une seconde, une quantité d'électricité qui a été prise pour unité. Cette unité vaut 10 coulombs.

Unité absolue de résistance.

C'est la résistance d'un conducteur, dans lequel circule un courant ayant l'unité absolue d'intensité, et qui cède un erg par seconde, sous forme de chaleur.

L'unité absolue de résistance vaut $\frac{1}{10^9}$ ohm.

Unité absolue de potentiel.

C'est la force électromotrice nécessaire pour faire passer, en une seconde, la quantité représentant l'unité absolue (10 coulombs), dans un conducteur ayant l'unité absolue de résistance (la milliardième partie de l'ohm). L'unité absolue de potentiel vaut $\frac{1}{10^8}$ volt.

Énergie.

L'unité absolue d'énergie est l'erg.

Puissance.

L'unité absolue de puissance est l'erg-seconde.

Relations entre les unités absolues.

Comme pour le système électrostatique, on a :

$e = ir$, $P = ei$, $P = i^2r$, $q = it$, $T = Pt$.

Remarque.

Au lieu de dire quantité de magnétisme, on emploie souvent les expressions de charge magnétique ou de masse magnétique.

De même, au lieu de dire quantité d'électricité, on dit souvent : charge électrique ou masse électrique.

CHAPITRE IV

LE COURANT ÉLECTRIQUE

Courant électrique.

Nous avons parlé des principales grandeurs électriques et de leurs unités; nous croyons qu'après cela il est utile de dire un mot du courant électrique qui représente ce qu'il y a de plus important comme application.

Courant continu.

Que l'on considère une pile, un accumulateur chargé, un condensateur chargé ou une dynamo en marche, on remarquera que le générateur a deux, ou un nombre pair de pôles, des pôles positifs et des pôles négatifs. On sait que le courant circule toujours dans le même sens, c'est-à-dire du pôle positif au pôle négatif à l'extérieur du générateur, et du pôle négatif au pôle positif à l'intérieur du générateur. Nous avons exposé sommairement les lois du courant continu, nous n'y reviendrons pas.

Dans tout ce qui précède, chaque fois que nous avons parlé de courant, nous avons supposé ce courant continu. Un caractère du courant continu est que la force électromotrice et l'intensité sont constantes, de sorte que le travail que fait le courant est proportionnel au temps. Un accumulateur et un condensateur ne donnent pas un courant exactement continu, mais on peut le considérer comme tel au point de vue pratique, surtout si ces appareils fonctionnent peu de temps.

Il existe d'autres espèces de courants appelés courants discontinus, mais nous ne parlerons ici que des courants alternatifs et des courants polyphasés.

Courant discontinu alternatif.

Ce courant appelé simplement *alternatif* est caractérisé par ce fait que l'intensité est tout d'abord nulle; puis elle augmente, passe par un maximum, diminue et redevient nulle. A ce moment, le courant change de sens, l'intensité augmente et passe de nouveau par un maximum, puis diminue et redevient nulle. Le courant reprend alors le sens primitif, etc. Le courant alternatif va donc tantôt dans un sens, tantôt dans l'autre. Comme exemple, citons le courant alternatif qui éclaire la ville d'Autun ; ce courant change environ soixante fois de sens par seconde.

Le générateur qui produit un courant alternatif a reçu le nom d'*alternateur*.

Alternateur.

A première vue, l'alternateur paraît semblable à la dynamo et, comme nous ne nous proposons pas de décrire la dynamo ou l'alternateur, nous nous contenterons de faire les quelques remarques suivantes sur ces deux appareils :

1° La dynamo débite des courants continus, tandis que l'alternateur en débite d'alternatifs.

2° A côté de chaque alternateur, il y a généralement une petite dynamo. Le rôle de cette dynamo secondaire est de lancer un courant continu dans les électro-aimants de l'alternateur.

3° Pour produire des courants industriels, c'est-à-dire très puissants, il est beaucoup plus facile de se servir de puissants alternateurs que de puissantes dynamos.

4° Les pôles de l'alternateur sont tantôt positifs, tantôt négatifs, mais à tout moment il y a autant de pôles positifs que de pôles négatifs.

Intensité efficace d'un courant alternatif.

Qu'on lance un courant alternatif dans un conducteur d'un ohm de résistance et qu'on suppose que ce conducteur s'échauffe de 5 joules par seconde, on voit que le courant continu ayant l'intensité de 5 ampères cédera exactement la même quantité de chaleur par seconde. On dira que ce courant alternatif a 5 ampères d'intensité efficace. D'une manière générale, l'intensité du courant continu qui cède, dans le conducteur, la même quantité de chaleur, en une seconde, que le courant alternatif, est appelé *intensité efficace du courant alternatif.*

Déperdition dans le courant alternatif.

Nous savons que, dans un courant continu d'intensité de i ampères, circulant dans un conducteur de r ohms, il y a, par seconde, une déperdition de ri^2 joules. En d'autres termes, par seconde, ri^2 joules d'énergie électrique se transforment en chaleur. Or, dans un courant alternatif d'intensité efficace mesurant i ampères, circulant dans un conducteur de r ohms, la déperdition par seconde est plus grande que ri^2 joules. Il se produit autre chose que l'échauffement du conducteur; il y a pour ainsi dire des fuites électriques. On a donné le nom de *self-induction* à cette cause de déperdition.

La self-induction est un phénomène nuisible et, pour l'éviter le plus possible, on indique deux moyens : 1° avoir des conducteurs en cuivre et non pas en fer ; — 2° éviter le plus possible les courbes. Ainsi dans les courants continus, la forme des conducteurs est indifférente, tandis que, dans les courants alternatifs, cette forme a une grande influence.

Force électromotrice efficace.

Nous ne donnerons pas la définition de la force électromotrice efficace d'un courant alternatif, mais nous dirons simplement qu'elle se mesure en volts. Nous ferons remarquer toutefois qu'il faut pour cela un voltmètre spécial qui n'est pas construit comme celui dont on se sert pour mesurer les courants continus.

Puissance d'un courant alternatif.

Appelons e la force électromotrice efficace et i l'intensité efficace du courant alternatif. La puissance serait égale au produit ei, s'il n'y avait pas de self-induction. Comme elle se manifeste généralement, la puissance est plus petite que ei. Soit P cette puissance; la formule exacte est : $P = ei\cos\theta$.

8

Dans cette formule, θ est un angle qui porte le nom de décalage de l'intensité par rapport à la force électromotrice, e représente la force électromotrice efficace, et i l'intensité efficace.

Intensité maxima.

Considérons un courant alternatif qui change soixante fois de sens par seconde; soixante fois par seconde, ce courant aura une intensité nulle, mais aussi soixante fois par seconde l'intensité passera par un maximum. Appelons i_{eff} l'intensité efficace, i_{max} l'intensité maxima; on obtient :

$$\sqrt{2} \times i_{eff} = i_{max}$$

Force électromotrice maxima.

Le courant qui change soixante fois de sens par seconde, aura soixante fois par seconde, une force électromotrice maxima. On obtiendra donc aussi :

$$\sqrt{2}\, e_{eff} = e_{max}$$

On remarquera que, quand le courant obtient sa force électromotrice maxima, son intensité n'est pas au maximum. Ce phénomène est dû à la self-induction.

On a vu que :

$$P = e_{eff} \times i_{eff} \cos\theta.$$

On peut encore écrire :

$$P = \frac{e_{max}\, i_{max} \cos\theta.}{2}$$

Dès lors les questions suivantes viennent naturellement à l'esprit :

1° Quels sont les cas où il faut se servir des courants continus? — Réponse : Il est impossible de se servir des courants alternatifs pour charger un accumulateur et pour alimenter un récepteur chimique.

2° Quel est le cas où il est plus avantageux d'employer un courant alternatif? — Réponse : Le courant alternatif est très facile à transformer, et c'est là son grand avantage sur le courant continu.

Un exemple le fera comprendre. Le courant qui éclaire la ville d'Autun sort de l'usine à 2400 volts. Ce courant est dangereux mais il peut parcourir de grands espaces presque sans déperdition. Cependant on ne peut pas laisser un courant si intense circuler dans le fil fin de la lampe électrique. En effet, une lampe Edison n'emploie qu'un courant ayant une force électromotrice de 105 volts. Pour remédier à cela le courant de l'usine devra passer dans un transformateur avant d'arriver à la lampe.

Nous ne croyons pas utile de décrire le transformateur; il nous suffira de dire que, quand on l'emploie, le courant qui en sort a la force électromotrice et l'intensité nécessaires aux lampes Edison. Comme son nom l'indique, cet appareil transforme le courant de haute tension en un autre courant moins dangereux, plus maniable et mieux en rapport avec les usages auxquels on le destine dans l'application journalière.

Si l'on voulait transformer un courant continu de 2400 volts en un courant continu de 105, il y aurait de grosses difficultés à surmonter et des appareils compliqués à construire.

On comprend maintenant que le courant alternatif présente sur le courant continu, le grand avantage d'être beaucoup plus facilement transformable.

Une question qu'on peut se poser est celle-ci : Pourquoi l'usine ne produit-elle pas directement le courant à 105 volts? Cela serait possible, et il n'y aurait pas besoin de transformateurs, mais on constaterait une énorme déperdition dans le réseau.

Nous arrêterons là les notions sur les courants alternatifs; leur étude prolongée dépasserait le cadre de cet opuscule.

Courants polyphasés.

Nous ne dirons qu'un mot des courants polyphasés qui sont, pour ainsi dire, une combinaison de plusieurs courants alternatifs. Un grand avantage des courants polyphasés consiste dans la production des champs magnétiques tournants, qui permettent de résoudre encore plus économiquement le problème du transport de la force.

Les courants diphasés s'obtiennent avec deux courants alternatifs remplissant certaines conditions déterminées. Pour les courants triphasés, il faut employer trois courants alternatifs.

Il semble à priori qu'il faille trois générateurs pour obtenir des courants triphasés, mais on arrive, grâce à des enroulements particuliers des induits, à n'avoir qu'un seul générateur.

En général il faut autant de conducteurs plus un que les courants présentent de phases; cependant les courants triphasés n'exigent que trois conducteurs au lieu de quatre pour leur transmission. Cet avantage particulier les fait rechercher dans de nombreuses applications industrielles.

CHAPITRE V

LA CAPACITÉ ÉLECTRIQUE

Il est une grandeur importante pour l'étude de l'électricité statique dont nous n'avons pas parlé jusqu'ici. Nous avons cru qu'il serait plus simple de lui consacrer ce dernier chapitre. Nous admettons pour simplifier qu'un corps chargé d'électricité statique a tous ses points au même potentiel.

Capacité électrique.

De même que, dans un vase, on peut mettre autant d'air qu'on le veut ; de même un corps peut être chargé d'électricité, en contenir pour ainsi dire autant qu'on semble le désirer. Cette comparaison se poursuit encore davantage. Plus on met d'air dans un vase, plus on augmente la pression du gaz. Plus on charge un corps d'électricité, plus on augmente son potentiel. Nous allons arriver facilement, en utilisant ces deux propriétés communes des gaz et de l'électricité, à faire voir ce que c'est que la capacité électrique d'un corps, et à montrer le moyen de la mesurer.

Deux vases qui, remplis d'air à la même pression, contiennent la même quantité d'air, ont la même capacité. Deux corps qui, chargés d'électricité au même potentiel, contiennent la même quantité, ont la même *capacité électrique*.

Unité électrostatique de capacité.

On appelle ainsi la capacité d'une sphère ayant un centimètre de rayon.

Rappelons que, quand cette sphère contient l'unité électrostatique de quantité définie précédemment, on dit que son potentiel est aussi d'une unité électrostatique. Nous avons vu que l'unité électrostatique de potentiel est égale à 300 volts.

Exemple : Calculons la quantité d'électricité contenue sur une sphère d'un centimètre de rayon, ou sur tout corps ayant comme capacité l'unité électrostatique, lorsque la charge se fait au potentiel de 90 000 volts.[1]

90 000 volts correspondent au potentiel de $\frac{90\,000}{300}$ unités électrostatiques ; ce qui fait préci-

1. On peut charger un corps à ce potentiel et même à un potentiel plus élevé.

sément 300 unités électrostatiques de potentiel. Cette sphère d'un centimètre de rayon contient donc 300 unités électrostatiques de quantité. Rappelons qu'il faut 3×10^9 unités électrostatiques de quantité pour faire un coulomb. Cette sphère est donc chargée de $\frac{1}{10^7}$ coulomb.

D'une manière générale, si cette sphère est chargée, au potentiel de *a* unités électrostatiques, elle contient *a* unités électrostatiques de quantité.

Capacité d'une sphère de rayon quelconque.

On démontre que la capacité électrique d'une sphère est proportionnelle à son rayon. Peu importe d'ailleurs la matière dont elle est faite, puisque la conductibilité de la matière n'intervient que pour les courants et n'a aucun intérêt en électricité statique.

Chargeons une sphère de 5 centimètres de rayon, jusqu'à ce que son potentiel soit d'une unité électrostatique. L'expérience montrera qu'il faut précisément 5 unités électrostatiques de quantité. La sphère de 5 centimètres de rayon contient donc, dans les mêmes conditions, 5 fois plus d'électricité que la sphère d'un centimètre. On exprime ce fait en disant que sa capacité est de 5 unités électrostatiques.

D'après ce qui vient d'être dit, il est facile de voir que la capacité électrique peut se définir de la façon suivante :

« La capacité électrique d'un corps est la quantité d'électricité qu'il faut donner à ce corps pour augmenter son potentiel d'une unité. »

On peut rapprocher de cette définition, la capacité d'un vase renfermant de l'air et la capacité *calorifique* d'un corps. — La capacité d'un vase renfermant de l'air est la quantité d'air qu'il faut donner à ce vase, pour augmenter la pression intérieure d'une unité. — La capacité *calorifique* d'un corps est la quantité de chaleur (calories) qu'il faut céder à ce corps, pour augmenter sa température d'une unité, soit d'un degré.

Cette définition montre qu'un corps, pour lequel il faudrait 7 unités de quantité pour augmenter son potentiel d'une unité, aurait précisément une capacité de 7 unités. Ce même corps, s'il était au potentiel 4, contiendrait $7 \times 4 = 28$ unités de quantité. D'une manière générale un corps d'une capacité C, d'un potentiel v, contient une quantité q qu'on exprime par : $q = Cv$.

Exemple : Calculons la quantité d'électricité répandue à la surface d'une sphère isolée, de

2 mètres de rayon, au potentiel de 800 unités électrostatiques, c'est-à-dire 240 000 volts?

Cette sphère a comme capacité 200 unités électrostatiques ; sa charge est de : $800 \times 200 = 160\,000$ unités électrostatiques de quantité, ou $\frac{1}{18\,750}$ coulomb. On a vu que le coulomb correspond à 3×10^9 unités électrostatiques de quantité; 160 000 unités électrostatique de quantité valent donc :

$$\frac{1}{3 \times 10^9} \times 160\,000 \text{ coulombs.}$$

Si l'on mettait cette sphère en communication avec le sol, un courant s'établirait et la sphère se déchargerait. L'énergie de la décharge serait de :

$$160\,000 \times \frac{800}{2} = 64\,000\,000 \text{ ergs.}$$

Le kilogrammètre valant 98 100 000 ergs, cette énergie correspond à peu près à trois quarts de kilogrammètre.

D'une manière générale un corps qui contient q unités électrostatiques de quantité, au potentiel de v unités électrostatiques, s'il est mis en contact avec le sol, donne un courant dont l'énergie est de :

$$q \times \frac{v}{2} \text{ ergs.}$$

Si au lieu de faire ce calcul avec des unités électrostatiques, on le fait avec les unités pratiques qui sont : le coulomb pour la quantité et le volt pour le potentiel, on obtient l'énergie en joules. Le joule, on le sait, vaut 10^7 ergs.

Exemple : La sphère dont nous venons de parler renferme une quantité d'électricité calculée plus haut et correspondant à $\frac{1}{18\,750}$ coulombs, au potentiel de 240 000 volts. Si donc nous mettons cette sphère en communication avec le sol, l'énergie du courant sera de :

$$\frac{1}{18\,750} \times \frac{240\,000}{2} \text{ joules.}$$

Ce qui donne 6,4 joules ou 64 000 000 ergs, comme nous l'avons montré plus haut. On conclut de là que cette manière directe d'accumuler l'électricité donne de très faibles résultats. Nous verrons plus loin que, par la condensation, on peut augmenter ces résultats dans de grandes proportions. Malgré cela, il y a grand avantage, lorsqu'on veut conserver de l'énergie, à le faire sous forme d'énergie chimique et non sous forme d'énergie électrique. On se rappelle, en effet, qu'une lame de plomb, par exemple, est capable de renfermer une grande énergie chimique ; c'est le principe de l'accumulateur.

Calcul de capacité électrique d'un corps quelconque.

Pour calculer la capacité, il s'agit de résoudre un problème du genre suivant :

Un corps de capacité électrique inconnue est chargé d'électricité et, avec un voltmètre, on s'aperçoit que le potentiel est de 5 volts. (Le volt vaut $\frac{1}{300}$ d'unité électrostatique de potentiel.) On met, par un fil fin de capacité négligeable, ce corps en communication avec une sphère de 10 centimètres de rayon, qui a par conséquent une capacité de 10 unités électrostatiques. Cette sphère avait préalablement touché le sol ; elle était donc au potentiel 0. Une fois l'opération terminée, la sphère et le corps sont au même potentiel de 3 volts ; on demande d'en déduire la capacité électrique ?

Soit x unités électrostatiques la capacité inconnue. Avant l'expérience on avait une quantité représentée par $x \times \frac{5}{300}$, puisque le potentiel est $\frac{5}{300}$ unités électrostatiques. Après l'expérience, cette quantité est répartie sur le corps et sur la sphère. La somme de ces deux dernières quantités est égale à la quantité initiale, soit $x \times \frac{5}{300}$.

Ces deux quantités sont :

1° Sur le corps dont on cherche la capacité :

$$x \times \frac{3}{300}$$

2° Sur la sphère de capacité 10 :

$$10 \times \frac{3}{300}$$

On a donc :

$$x \times \frac{5}{300} = x \frac{3}{300} + 10 \times \frac{3}{300}$$

$$\text{ou } 2x = 30, \quad \text{d'où } x = 15.$$

La capacité du corps est donc de 15 unités électrostatiques. Autrement dit, ce corps a la même capacité électrique que la sphère de 15 centimètres de rayon.

Ce problème est analogue à celui de la capacité des vases contenant des gaz.

Un vase de capacité inconnue est rempli d'air et, avec un manomètre, on s'aperçoit que la pression est de 5 kilos. On met, par un tube fin et de capacité négligeable, ce vase en communication avec un autre vase de 10 litres de capacité et dans lequel on a fait le vide, c'est-à-dire dans lequel la pression est nulle. Quand la communication a été établie, les deux vases contiennent de l'air à une même pression de 3 kilos. Quelle est la capacité du vase ?

Le même raisonnement est applicable. La quantité initiale est de $5x$. Les deux quantités finales, dans chaque vase, sont de $3x$ et 10×3; donc : $5x = 3x + 10 \times 3$ ou $x = 15$. La capacité du vase est 15 litres.

Généralisation du problème des capacités.

Généralisons ces notions :

Des vases ayant comme capacités c_1 litres, c_2, c_3, c_4, et contenant de l'air à des pressions h_1, h_2, h_3, h_4, sont mis en communication avec un vase de capacité inconnue x et renfermant déjà de l'air à la pression H. On demande la capacité du vase, la pression uniforme finale étant H'?

Au commencement la quantité d'air du premier vase est c_1h_1; la quantité d'air totale de tous les vases est :

$$c_1h_1 + c_2h_2 + c_3h_3 + c_4h_4 + xH$$

Après la mise en communication, le premier vase contient c_1H', car tous ont la pression H'. La quantité d'air totale est :

$$c_1H' + c_2H' + c_3H' + c_4H' + xH'$$

Ces deux quantités d'air sont égales ; donc :

$$c_1h_1 + c_2h_2 + c_3h_3 + c_4h_4 + xH = H'(c_1 + c_2 + c_3 + c_4 + x)$$

d'où on tire la capacité cherchée :

$$x = \frac{H'(c_1 + c_2 + c_3 + c_4) - c_1h_1 - c_2h_2 - c_3h_3 - c_4h_4}{H - H'}$$

Appliquons exactement le même raisonnement au problème sur la capacité électrique dont l'énoncé est à rapprocher du précédent. Il n'y a qu'à remplacer le mot pression par le mot potentiel.

Des corps ayant comme capacités électriques c_1 unités électrostatiques, c_2, c_3, c_4, et chargés d'électricité à des potentiels h_1, h_2, h_3, h_4, sont mis en communication avec un corps de capacité inconnue chargé déjà au potentiel H. On demande la capacité du corps, le potentiel uniforme final étant H' ?

Au commencement la quantité d'électricité du premier corps est c_1h_1 ; la charge totale de tous ces corps est donc :

$$c_1h_1 + c_2h_2 + c_3h_3 + c_4h_4 + x\mathrm{H}$$

Après la mise en communication, le premier corps contient $c_1\mathrm{H'}$, car tous sont au potentiel H'. La charge totale est donc :

$$c_1\mathrm{H'} + c_2\mathrm{H'} + c_3\mathrm{H'} + c_4\mathrm{H'} + x\mathrm{H'}$$

Égalons ces deux quantités, on obtient :

$$c_1h_1+c_2h_2+c_3h_3+c_4h_4+x\mathrm{H}=\mathrm{H'}(c_1+c_2+c_3+c_4+x)$$

d'où l'on tire la capacité cherchée :

$$x = \frac{\mathrm{H'}(c_1+c_2+c_3+c_4)-c_1h_1-c_2h_2-c_3h_3-c_4h_4}{\mathrm{H}-\mathrm{H'}}$$

Unité électromagnétique ou absolue de capacité.

Nous ne dirons qu'un mot sur cette unité qui est peu employée.

Voici sa définition : Un corps aurait l'unité absolue de capacité, s'il était capable de contenir l'unité absolue de quantité, au potentiel de l'unité absolue. Un pareil corps serait capable de contenir l'unité absolue de quantité, c'est-à-dire 3×10^{10} unités électrostatiques de quantité, autrement dit 10 coulombs.

Cette quantité énorme devrait se trouver au potentiel de l'unité absolue, soit à $\frac{1}{10^8}$ volt, ou $\frac{1}{3 \times 10^{10}}$ d'unité électrostatique de potentiel. La capacité de ce corps serait donc de 9×10^{20} unités électrostatiques, c'est-à-dire la même que la sphère qui aurait pour rayon 9×10^{20} centimètres. Cette sphère serait beaucoup plus grande que la terre et même que le soleil.

Farad ou unité pratique de capacité électrique.

Cette unité, comme on va le voir, est aussi très grande, mais elle est commode dans les calculs et elle est assez employée.

Un corps aurait un *farad* de capacité s'il était

capable de contenir un coulomb, au potentiel d'un volt. Un corps ayant un farad de capacité est donc capable de contenir un coulomb, c'est-à-dire 3×10^9 unités électrostatiques de quantité et ce coulomb serait au potentiel d'un volt, c'est-à-dire $\frac{1}{300}$ unité électrostatique de potentiel. La capacité de ce corps est donc :

$$9 \times 10^{11} \text{ unités électrostatiques.}$$

En effet, on sait que $q = Cv$, donc $C = \frac{q}{v}$. En supposant $q = 3 \times 10^9$, $v = \frac{1}{300}$, et on obtient :

$$C = \frac{3 \times 10^9}{\frac{1}{300}} = 9 \times 10^{11} \text{ unités électrostatiques de capacité.}$$

C'est-à-dire que la capacité électrique cherchée est la même que celle de la sphère qui a pour rayon 9×10^{11} centimètres. Cette sphère a un rayon 14 fois plus grand que celui du soleil. La capacité électrique du soleil est donc de $\frac{1}{14}$ farad.

On emploie souvent, dans la pratique et dans les calculs, le *microfarad* qui est la millionième partie du farad. La terre a comme capacité 707 microfarads. Il est facile de le vérifier en remarquant que le rayon terrestre est égal à :

$$\frac{707}{1\,000\,000} (9 \times 10^{11} \text{ centimètres}).$$

La quantité entre parenthèses représente la longueur du rayon de la sphère qui a un farad de capacité.

Il est facile, grâce à la condensation électrique dont nous parlerons plus loin, de construire des corps ayant plusieurs microfarads de capacité. La sphère qui aurait un microfarad, et cela sans condensation, aurait comme rayon la millionième partie de la sphère d'un farad, c'est-à-dire :

$$\frac{9 \times 10^{11}}{1\,000\,000} \text{ centimètres ;}$$

ce qui fait 9 kilomètres.

Il est bon de rappeler que la capacité d'un accumulateur ne peut pas se mesurer en unités de capacité électrique. L'accumulateur, en effet, ne contient pas d'électricité, mais il est, pour ainsi dire, un réservoir d'énergie chimique qui se transforme spontanément en énergie électrique, au moment de la décharge. On peut d'ailleurs, dans un très petit espace, accumuler une grande quantité d'énergie chimique. Une goutte d'acide nitrique et une goutte de glycérine occupent peu de place ; elles représentent cependant une grande énergie chimique. Voilà pourquoi, si l'on veut conserver de l'énergie électrique, on a grand avantage à la transformer en énergie chimique.

Pour terminer cette étude sommaire du farad, nous croyons utile de donner les exemples suivants :

1er Exemple :

Quelle est la quantité d'électricité qui est répandue sur un corps d'une capacité de 3 microfarads chargé au potentiel de 5000 volts ?

Ce conducteur a été construit en utilisant la condensation dont nous parlerons plus loin. Il est d'abord isolé, ensuite il est déchargé.

2e Exemple :

Quelle est l'énergie du courant qui déchargerait ce corps, c'est-à-dire du courant qui circule à travers le fil unissant ce corps avec le sol ?

On sait que la quantité exprimée en coulomb est égale au produit du nombre mesurant la capacité en farad, par le nombre mesurant le potentiel en volts ; or, 3 microfarads correspondent à $\frac{3}{1\,000\,000}$ farad ; donc la quantité cherchée est :

$$\frac{3}{1\,000\,000} \times 5000 ;$$

ce qui fait $\frac{3}{200}$ coulomb, ou : $\frac{3}{200} \times 3 \times 10^9$ unités électrostatiques de quantité, soit : $4,5 \times 10$ unités.

Réunissons maintenant par un fil le corps électrisé avec le sol; nous aurons un courant qui le déchargera. L'énergie de ce courant mesurée en joules sera égale au demi-produit du nombre mesurant la quantité en coulomb, par le nombre mesurant le potentiel en volts, soit :

$$\frac{1}{2} \times \frac{3}{200} \times 5000 = 75 \text{ joules ;}$$

$$\text{ou : } \frac{1}{2} \times 75 \times 10^7 \text{ ergs ;}$$

$$\text{ou encore } \frac{75}{2 \times 9{,}81} \text{ kilogrammètres.}$$

Si l'on pouvait transformer toute cette énergie électrique en énergie mécanique, on aurait :

$$\frac{1}{2} \times 75 \times 10^7 \text{ ergs, ou } \frac{75}{2 \times 9{,}81} \text{ kilogrammètres ;}$$

mais cette parfaite transformation est impossible. Il faut compter sur une perte de 10 pour cent, c'est-à-dire $\frac{7{,}5}{2}$ joules qui se transforment en chaleur.

Condensation électrique.

Supposons un corps chargé d'électricité positive ; considérons deux points quelconques de ce corps. Entre ces deux points, il y a une force de répulsion, car deux points chargés d'électricité de même signe se repoussent. C'est la somme de toutes les forces analogues qui constitue ce que nous avons appelé le potentiel.

Par la condensation, on se propose de diminuer ce potentiel, sans diminuer la quantité d'électricité que contient le corps. Pour arriver à ce résultat, approchons d'un corps A chargé d'électricité positive, un corps B chargé d'électricité négative.

A
+ + + + + +
+ + + + + +

B
— — — — — —
— — — — — —

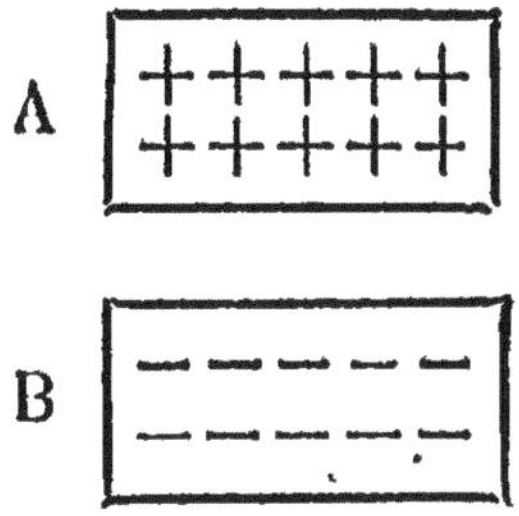

Nous créons, par cela, un nombre illimité de forces d'attraction, car tout point chargé d'électricité négative attirera tout point chargé d'électricité positive. La somme de toutes ces forces constituera un potentiel qui devra être retranché du potentiel initial de A.

Remarquons que les deux corps A et B sont isolés et assez loin l'un de l'autre, pour qu'il ne se produise pas une étincelle qui, en combinant les deux électricités, décharge les deux corps.

Il est à remarquer aussi qu'en diminuant le potentiel sans diminuer la quantité, on augmente la capacité électrique, et c'est même par ce moyen que des corps d'un faible volume peuvent avoir une grande capacité électrique.

Supposons en effet, que A soit chargé de la quantité q d'électricité au potentiel 1; $q = Cv$ devient, dans ce cas, $q = C$, puisque $v = 1$.

Approchons B; alors A contiendra toujours la quantité q, mais le potentiel aura diminué et sera devenu $\frac{1}{4}$, par exemple; $q = Cv$ devient alors :

$$q = C \times \frac{1}{4} \quad \text{ou} \quad C = 4q.$$

Donc la capacité électrique, dans ce cas, aura été quadruplée du fait que B se sera approché de A. On exprime ce fait en disant que la force condensante est de 4 unités.

C'est donc en employant des forces condensantes énormes, qu'on peut construire des corps ayant plusieurs microfarads de capacité, puisque la terre elle-même n'a qu'une capacité de 707 microfarads.

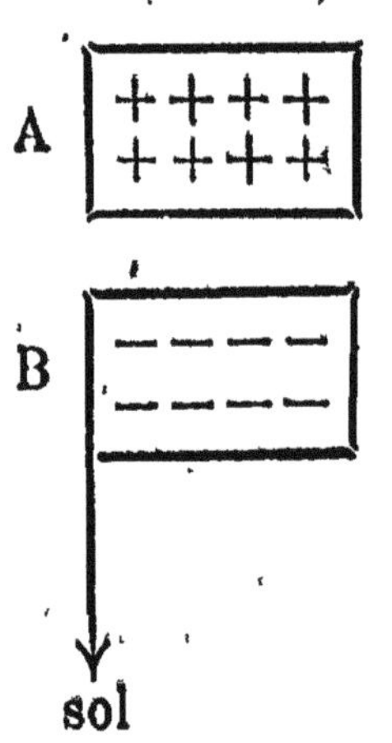

Au lieu de charger B d'électricité de signe contraire à celle de A, on peut employer une méthode qui est plus simple au point de vue pratique. Cette méthode consiste à approcher simplement le corps B, après l'avoir relié au sol par un fil conducteur, restant isolé. Il se produit un phénomène d'induction, et B se trouve être chargé d'électricité de signe contraire à A. Le fluide neutre de B est décomposé ; une quantité de même signe que A est refoulée dans le sol, et B est alors chargé d'électricité de signe contraire à celle de A.

Pour avoir la plus grande force condensante, il faut approcher le plus près possible B de A, en évitant cependant l'étincelle de décharge. Il peut être utile, à cet effet, d'intercaler une lame isolante entre A et B.

Un exemple de ce que nous venons de dire se trouve dans la bouteille de Leyde. Dans ce condensateur, les feuilles de clinquant qui sont à l'intérieur de la bouteille jouent le rôle du corps A. Ces feuilles sont bien isolées. La feuille d'étain collée à la surface extérieure joue le rôle du corps B. La bouteille de verre sépare, par un isolant, les feuilles de clinquant de la feuille d'étain ; elle rend impossible la production d'une étincelle entre A et B. Pour la charger, on met les feuilles de clinquant en communication avec une source d'électricité. Si la feuille d'étain n'est pas en communication avec le sol ou avec une source d'électricité de signe contraire, la capacité sera très petite. Au contraire, en tenant la bouteille par la feuille d'étain et en la mettant ainsi en contact avec le sol, on obtient une force condensante très considérable. Pour décharger la bouteille, il suffit de mettre en communication la feuille d'étain et les feuilles de clinquant, avec un conducteur quelconque.

La capacité et la condensation jouent un rôle important en télégraphie sous-marine; jusqu'ici elles ont été un obstacle insurmontable pour la communication téléphonique de l'Europe avec l'Amérique. Par contre c'est grâce à la capacité et à la condensation qu'on a pu obtenir les ondes hertziennes qui permettent de télégraphier sans fils.

APPENDICE

Nous avons pensé qu'il serait intéressant, pour terminer cet opuscule, de donner quelques exemples des unités électriques dans leurs applications usuelles.

Ainsi :

L'intensité d'un courant téléphonique normal n'est que de 15 microampères.

(Le microampère est la millionième partie de l'ampère.)

Celle d'un courant télégraphique normal est de 12 milliampères.

L'élément de pile Daniel a une force électromotrice de 1,07 volt.

L'élément Bunzen a une force électromotrice de 1,95 volt.

Un élément Leclanché a une force électromotrice de 1,5 volt.

Un élément Lalande-Chapron a une force électromotrice de 0,9 volt.

On a construit des accumulateurs qui ont une capacité de 10 ampères-heure par kilogramme de poids total.

Le courant pour charger cet accumulateur doit avoir 2,1 volts de force électromotrice et 6 ampères d'intensité.

Par la décharge de cet accumulateur, on obtient un courant de 1,9 volt de force électromotrice et de 5 ampères d'intensité.

Pour alimenter une lampe Édison, il faut 105 volts et un tiers d'ampère.

Une lampe à arc exige 75 volts et 4 ampères.

Si l'on veut décomposer du sulfate de cuivre, on peut calculer une dépense de 1,07 kilowatt d'énergie par kilogramme de cuivre déposé.

Pour fabriquer un kilogramme de bronze riche ou cupro-aluminium, il faut dépenser 45 chevaux-électriques-heure, ou

$$45 \times 736 \text{ watts-heure.}$$

Pour obtenir un kilogramme de ferro-aluminium, il faut 65 chevaux-heure.

Avec un cheval-heure, on peut fabriquer 80 grammes d'ozone.

On est arrivé à obtenir quatre kilogrammes de carbure de calcium par cheval-vapeur, en 24 heures.

Le cheval-vapeur valant 736 watts en 24 heures donne 736×24 watts-heure.

Pour les tramways, sur des lignes moyennement accidentées, on peut calculer une consommation de 450 watts-heure par voiture-kilomètre.

(La voiture-kilomètre c'est le travail qu'il faut produire pour transporter une voiture à un kilomètre. La voiture contient 32 places. La voiture-kilomètre est une unité de travail et non de puissance ; il ne peut donc être question ni de temps ni de vitesse (analogie avec le kilogrammètre).

Au Val de Travers, dans la gorge de la Reuss, on produit de l'énergie électrique à 10 400 volts, avec 65 ampères d'intensité. La ligne a 35 kilomètres de développement, et la déperdition est inférieure à 500 volts.

L'automobile marchant avec des accumulateurs, qui aurait une puissance 10 chevaux et qui pourrait fonctionner ainsi pendant cinq heures, emploierait 50 chevaux-heure, ou 50×736 watts-heure.

Le kilogramme d'accumulateurs donnant 20 watts-heure, on voit qu'il faudrait :

$$\frac{50 \times 736}{20} \text{ kilos d'accumulateurs,}$$

ce qui correspondrait à 1840 kilos, ou à deux tonnes d'accumulateurs environ.

Un fil de cuivre d'un centimètre de longueur et d'un centimètre carré de section offre une résistance de 1,56 microhm.

Un fil de fer de mêmes dimensions en offre une de 19 microhms.

Une colonne d'huile d'olive, de mêmes dimensions, a une résistance d'un million de mégohms.

(Le mégohm vaut un million d'ohms.)

La résistance d'un fil de verre de mêmes dimensions est de 91 000 000 mégohms.

On voit que l'huile d'olive et le verre sont de bons isolants ; leurs résistances sont infinies au point de vue pratique.

Le soleil présente $\frac{1}{14}$ de farad, comme capacité électrique.

La terre n'a que 707 microfarads de la même capacité.

Avant de terminer, nous allons parler de deux lois importantes, que nous avons exposées sans dire leurs noms :

Loi d'Ohm.

Nous avons montré que si l'on désigne par V_A le potentiel en A, V_B celui en B, e la force électromotrice, i l'intensité du courant, r la résistance AB, on obtient :

$$e = V_A - V_B \qquad e = ir.$$

Ce qui signifie que *la force électromotrice est égale à la différence de potentiel aux points A et B* ; ou bien encore *qu'elle est égale au produit de l'intensité par la résistance.*

(Voir, d'ailleurs, la définition du volt ou unité pratique de potentiel, page 56 ; voir aussi la distribution du potentiel sur un conducteur, page 59.)

Loi de Joule.

Nous avons montré aussi qu'en désignant par P la puissance qui apparaît entre les deux points A et B, on a la relation :

$$P = ei \quad \text{et} \quad P = ri^2.$$

C'est-à-dire que *la puissance est égale au produit de la force électromotrice par l'intensité;* ou encore *au produit de la résistance par le carré de l'intensité.*

(Voir la puissance d'un courant, page 69, et la puissance du courant, page 73. Dans ces formules, P et C désignent la même grandeur.)

TABLE DES MATIÈRES

CHAPITRE II. — ÉLECTRICITÉ.

CHAPITRE III. — RÉSUMÉ DES UNITÉS.

10*

CHAPITRE IV. — LE COURANT ÉLECTRIQUE.

CHAPITRE V. — LA CAPACITÉ ÉLECTRIQUE.

APPENDICE

TABLE ALPHABÉTIQUE

A

B

C

H

N

O

P

Q

R

Autun. — Imp. Dejussieu.

www.ingramcontent.com/pod-product-compliance
Ingram Content Group UK Ltd.
Pitfield, Milton Keynes, MK11 3LW, UK
UKHW012223240726
13966UKWH00003B/916